ZEITSCHRIFT FÜR ANGEWANDTE GEOLOGIE

HERAUSGEGEBEN VOM
ZENTRALEN GEOLOGISCHEN INSTITUT
IM AUFTRAG DES
STAATSSEKRETARIATS FÜR GEOLOGIE

AUS DEM INHALT

AKADEMIE-VERLAG · BERLIN

BAND 17 / HEFT 9
SEPTEMBER 1971
SEITE 353—400

PREIS: 6,— M
Sonderpreis DDR: 2,— M

	INHALT	СОДЕРЖАНИЕ	CONTENTS	

Die ZEITSCHRIFT FÜR ANGEWANDTE GEOLOGIE berichtet ständig über folgende Arbeitsgebiete: Geologische Grundlagenforschung und Lagerstättenforschung / Methodik der geologischen Erkundung / Ökonomie und Planung der geologischen Erkundung / Technik der geologischen Erkundung / Geologie und Lagerstättenkunde fm Ausland. In der Zeitschrift können alle strittigen Fragen der praktischen Geologie behandelt werden. Die Autoren übernehmen iür ihre Aufsätze die übliche Verantwortung.

ZEITSCHRIFT FÜR ANGEWANDTE GEOLOGIE

KOLLEKTIVE CHEFREDAKTION

Dr. K. KAUTER (Redaktionssekretär)
Prof. Dr. F. STAMMBERGER
Dr. habil. G. TISCHENDORF

Träger der Ehrennadel in Gold der Gesellschaft für Deutsch-Sowjetische Freundschaft

BAND 17 · SEPTEMBER 1971 · HEFT 9

Die Kontrolle der Erzverdünnung im Kupferschieferbergbau

GÜNTER JANKOWSKI, Ahlsdorf, & GÜNTER MEYER, Sangerhausen

1. Einleitung

Bei der Gewinnung des Kupferschiefers im südöstlichen Harzvorland bildet die Erzverdünnung seit alters her einen entscheidenden ökonomischen Faktor, weil die anfallenden Verdünnungsmengen mit dem Erz direkt und ohne Anreicherung dem Rohhüttenprozeß zugeführt werden und demzufolge hohe Schmelzkosten verursachen. Das Ziel der Gewinnung ist deshalb die Produktion eines verdünnungsarmen Erzes, das der geforderten Kondition für den Abbau von Kupfererzen entspricht. Unter Beachtung optimaler Beziehungen zwischen den Einflußgrößen ist daher der Grenzwert für die Erzverdünnung, die Verdünnungskontrolle und Bewertung auf beste Qualität bei den niedrigsten Kosten auszurichten.

2. Definition

Zum besseren Verständnis unserer Problematik stellen wir die Erläuterung der wichtigsten Begriffe im Kupferschieferbergbau voran.

Kupferschiefererz:	Haupterz: verunreinigter bis sandiger Ton, Tonmergel und Mergel, stark bis mäßig kohlenstoffhaltig. Zur stratigraphischen Einteilung der Lagerstätte und bergmännischen Gewinnung vgl. JANKOWSKI & MEYER (1970).
Hangenderz:	Nebenerz: wird in die Erzarten Fäule und Dachklotz unterteilt.
Fäule:	sandiger Kalkmergel bis sandiger Mergelstein
Dachklotz:	sandiger toniger Kalk bis sandiger Kalkmergelstein
Erzverdünnung:	Anteil des vertaubten Gesteins im Mischerz (= Minern). Die Erzverdünnung wird in zulässige und unzulässige Verdünnung unterteilt.
Zulässige Erzverdünnung:	vertaubte Gesteinsmenge, die aus bergmännischen oder geologischen Gründen vom bauwürdigen Erz nicht getrennt werden kann
Unzulässige Erzverdünnung:	vertaubte Gesteinsmenge, die durch Überschreitung der sogenannten Verdünnungsgrenzwerte entsteht
Schuttkupfergehalt:	Kupfergehalt der Erzverdünnung
Fördererz:	Gestein, das direkt dem Rohhüttenprozeß zugeführt wird. Es setzt sich aus der Erzsorte und der Erzverdünnung zusammen.
Gewinnungsverluste:	bauwürdiges Erz, das beim Gewinnungsprozeß verlorenging
Kupferverluste:	mit den Erzverlusten verlorengehende Metallmengen
Armerz:	Erze mit Metallgehalten im Bereich des geologischen Schwellengehalts

Eingang des Manuskripts in der Redaktion: 10. 2. 1971.

3. Allgemeine Bemerkungen zur Verdünnungskontrolle

Während die Erzsorten auf Grund farblicher und petrographischer Merkmale voneinander unterschieden werden können, ist die Abgrenzung der Erzverdünnung vom bauwürdigen Erz sicher, bedingt oder nicht, nur mit Hilfe von Erz- oder Kupferkontrollmethoden möglich (JANKOWSKI & MEYER 1970). Dieser Umstand verlangt neben den bergmännischen Gegebenheiten die Arbeit mit zulässiger und unzulässiger Erzverdünnung.

Auf Grund der großen Variationsbreite in der Gewinnung ist eine der Hauptaufgaben, für die jeweilige Gewinnungsvariante die günstigste Kontrollmethode zu finden. Unser Bestreben geht dahin, die Anzahl der Methoden zu kürzen und auf Standardmethoden zu konzentrieren. Die Straffung in der Kontrollmethodik wurde bereits praxiswirksam und hat sich bewährt. Die Standardisierung schließt Kombinationen von Methoden nicht aus.

Aus verschiedenen Gründen werden im Kupferschieferbergbau Erzkontrollmethoden den Kupferkontrollmethoden vorgezogen. Die hauptsächlichsten Argumente dafür sind eine vielfältigere Anwendbarkeit der Methoden, eine bessere Vorstellungsmöglichkeit für die Bergleute, ferner Fragen der Genauigkeit, des Aufwands und der kurzzeitigen Information. Dabei sind jedoch die Erzparameter nicht isoliert, sondern stets in engem Verhältnis zu dem gewinnbaren Metall zu betrachten. Bei der Erzverdünnung ist es wissenswert, ob mit steigender Verdünnung der Schuttkupfergehalt steigt oder fällt oder ob Auswirkungen auf die Kupferverluste zu erwarten sind.

Durch die Kontrolle der Erzverdünnung werden die Voraussetzungen für die Erfassung und technisch-ökonomische Bewertung, Planung und Beeinflußbarkeit geschaffen. Dabei spielt die Kontrollmethodik eine ausschlaggebende, wenn nicht die wichtigste Rolle der Qualitätsarbeit überhaupt. Nach den Erfahrungen, die wir in den letzten zehn Jahren gemacht haben, muß eine Qualitätskontrollmethode folgenden grundsätzlichen Forderungen genügen:

a) Die Methode soll bei Änderung der bergtechnischen, normtechnischen, gebirgsmechanischen und technologischen Verhältnisse nicht geändert werden.

b) Die Genauigkeit der Methode muß fehlertheoretisch dermaßen gesichert sein, daß eine Entlohnung an das Ergebnis geknüpft werden kann.

c) Die Kontrollmethode muß so beschaffen sein, daß dem Produktionskollektiv in kurzen Zeitabständen das Qualitätsergebnis bekanntgegeben werden kann.

d) Der zeitliche und arbeitsmäßige Aufwand zur Kontrolle der Qualitätsparameter muß ökonomisch vertretbar sein.

e) Die Methode muß eine individuelle Abrechnung einzelner Gewinnungskollektive zulassen.

f) Die Methode muß ohne Störeinwirkung auf die Produktion anwendbar sein.

g) Mit Hilfe der Methode muß das Produktionskollektiv notfalls seine Qualität selbst messen können.

h) Die Methode muß Aussagen über die Ursachen der Qualitätsparameter zulassen.

Darüber hinaus unterscheiden wir nach der Art der Bestimmung direkte und indirekte Kontrollmethoden. Während bei der direkten Kontrollmethode das Bestimmungsobjekt einer genauen Beobachtung in Form eines Auswahlverfahrens unterliegt, wird bei der indirekten Methode die Qualitätskennziffer nur über zugeordnete Größen rechnerisch bestimmt, wobei in nahezu allen Varianten eine enge Verzahnung mit Teilergebnissen der direkten Methode vorliegt. Unsere Auffassungen decken sich dabei mit denen sowjetischer Autoren (TERPIGOREW & JARZEW 1954; SERGEJEW 1961 und DJATCHENKO 1964). Innerhalb dieser beiden großen Bestimmungsgruppen wird noch nach dem Kontrollobjekt in erzkontrollierende und metallkontrollierende Methoden unterteilt.

Zu den direkten Methoden gehören die Kläubemethode und die Kupfergehaltsausbringensmethode (kurz Kupfergehaltsmethode) und zu den indirekten Methoden die Methode der Berechnung der Erzverdünnung.

4. Beschreibung der Kontrollmethoden

In Anbetracht des historischen Interesses, das die Verdünnungskontrolle als älteste Qualitätskontrolle im Mansfelder Kupferschieferbergbau besitzt, und unter Berücksichtigung der ökonomischen Bedeutung erachten wir es als notwendig, bei der Beschreibung der derzeitig üblichen Methoden auch die älteren, nicht mehr angewendeten Verfahren zu umreißen.

Die Kläubemethode

Diese Methode, deren oberstes Prinzip darin besteht, alle vertaubten, unter dem geologischen Schwellengehalt liegenden oder vorher bestimmten Teile der Erzproben auf Grund der gesteinsphysikalischen und petrographischen Unterschiede (JANKOWSKI & MEYER 1970) vollständig auszulesen (klauben), ist die älteste und umfassendste Qualitätskontrollmethode im Mansfelder Kupferschieferbergbau. Auf ihr basieren alle direkten Verfahren der Qualitätskontrolle im Bergbau mit Ausnahme der direkten Kupfergehaltsmethode. Die Art der Kläubeverfahren hat im Laufe der Jahrhunderte in enger Anlehnung an die technische Entwicklung des Bergbaus mehrere Änderungen erfahren. Die einzelnen Abarten sind dabei:

Kläubung der Erze im Freien;
„Stall“-Kläubung;
Kommissionskläubung;
Kommissionskläubung mit reduzierter Probe und Förderbandprobenahme.

Die Kläubung der Erze im Freien ist eng verbunden mit der Blütezeit des Bergbaus im 16. bis

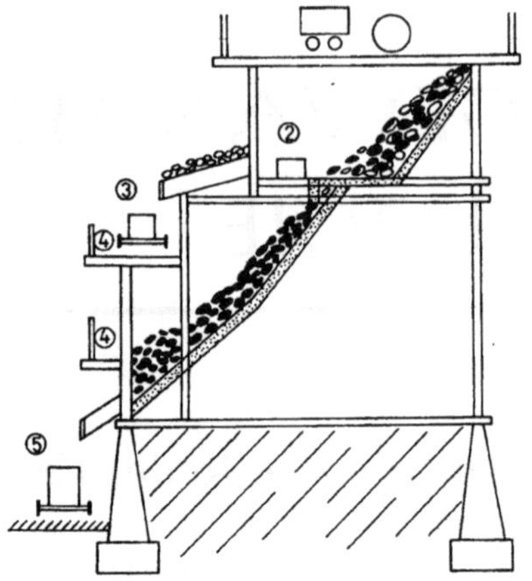

Abb. 1. Profilschnitt durch eine „Stall“-Kläubeanlage

1 — Wagenumlauf, Wipper; 2 — Standort des Kläubers; 3 — Abförderung der Haldenberge; 4 — Kontrollgang; 5 — Abfuhr des Erzes zur Rohhütte

18. Jahrhundert. Obwohl schon untertägig ein Großteil der durch die Schmelzproben als unbauwürdig erkannten Schiefer ausgehalten wurde, wurde mit Sorgfalt, bei Androhung härtester Strafen, übertägig eine nochmalige Sichtung vorgenommen. Während anfänglich wegen der geringen Produktion an der Südseite der Halden aufgestellte Schuppen, in denen ein oder mehrere Arbeiter kläubten, genügten, mußten später eigens zum Kläuben eingerichtete Übertageanlagen geschaffen werden.

In diesen sogenannten Kläubeställen (Abb. 1) wurden die Erze jedes Kollektivs in einem Bunker („Stall“) aufgesammelt und nach dem Kläubetenor, d. h. der Angabe unbauwürdiger Erzlagen, von dafür qualifizierten Kläubern sortiert. Dabei kamen die bauwürdigen Schiefer in den Bunker, der eine Abfuhr zur Hütte ermöglichte, die Haldenberge dagegen wurden auf die sogenannte Ausschlägehalde gefördert. Da oftmals auch Armerze aus Profitgründen vom Schmelzprozeß ausgeschlossen wurden, legte man auf zahlreichen Schächten noch Armerzhalden gesondert an. Bekannt sind die Kammschalenhalden oder auch die Hangenderzhalden, die in günstigeren Zeiten zurückgewonnen wurden.

Mit Zunahme der Produktion stiegen auch die Größe und Belegschaft der Kläubeanlagen. Auf den Großschachtanlagen der Mansfelder Mulde mußten Anfang dieses Jahrhunderts bei einem hohen technischen Aufwand bis 200 Arbeitskräfte und Leitungspersonal beschäftigt werden. Trotzdem konnte die als Folge von Konzentrations- und Rationalisierungsmaßnahmen gewaltig angestiegene Produktion nur mühsam beherrscht werden, so daß man nach Auswegen suchte und solche auch fand.

Bereits während der Betriebszeit der Stallkläubungen wurden zur Kontrolle der Kläuber und zur Einhaltung eines Grenzwerts in den Kläubeställen besondere Abteilungen eingerichtet, in denen aus besonderen „zuverlässigen“ Kläubern zusammengesetzte Kläubekommissionen arbeiteten. Das Wesen dieser auf Stichprobenkontrollen aufbauenden Kommissionskläubung wurde zum bestimmenden Inhalt der Verdünnungskontrolle der nächsten Zeit. Die großräumig angelegten

Kläubeställe wurden in entsprechende Anlagen umgebaut. Während bis dahin die gesamte Produktion eines Kollektivs die Verdünnungskontrolle passieren mußte, baut die Kommissionskläubung auf einer stichprobenartigen Auswahl von Teilen der Produktion auf. Man nahm das Schmelzen der Verdünnung in Kauf, um einer weiteren Erhöhung der Kapazität der Kläubeanlagen aus dem Wege gehen zu können. Zur Kontrolle wurden aus dem laufenden Förderstrom Förderwagen abgefangen, die dann auf einem langsam laufenden oder ruhenden Gummigurtband gekläubt wurden. Die Verdünnungsmenge wurde festgestellt und den Kollektiven von der geförderten Erzmenge abgezogen. Neben den großen Vorteilen einer Arbeitskräftereduzierung, einer Verkleinerung der Anlagen und der verbesserten Kontrolle ergaben sich nunmehr ökonomische Nachteile, die durch das Schmelzen der Erzverdünnung hervorgerufen wurden. Die Entscheidung bedurfte einer vorausgehenden technisch-ökonomischen Betrachtung, die zugunsten der Kommissionskläubung entschieden wurde. Eine nicht unwichtige Rolle spielte hier die Basizität der Verdünnung aus dem Hangenden, die zu einer Verbesserung der Schlackenzähigkeit führte. Erstmals tauchte nunmehr auch als neues Moment die bis dahin kaum beachtete, aber technisch und für die Abrechnung wichtige Frage des erforderlichen Stichprobenumfangs (Kläubeanteil) auf. Da sich jedoch die bei dieser Methode noch anfallende große Probenmenge erschwerend für die in den Anlagen beschäftigten Arbeiter auswirkte, entschied man sich zu der noch heute gebräuchlichen Methode mit reduzierter Probe.

Durch die Kommissionskläubung mit reduzierter Probe, die gegenwärtig dominierende Methode der Verdünnungskontrolle, wird eine Vereinfachung durch einen systematischen dreistufigen Zerkleinerungs- und Reduzierprozeß erreicht. Zu diesem Zweck werden nach einem bestimmten System monatlich wechselnde Nummern für die Kollektive in der Gewinnung ausgegeben. Mit diesen Brigadenummern werden die mit Erz gefüllten Förderwagen gekennzeichnet, damit übertägig eine Zuordnung der Verdünnung zum jeweiligen Kollektiv erfolgen kann. In Abb. 2 ist in Form einer schematisierten Darstellung die Vorbereitung zur Kontrolle abgebildet. Danach wird der aus dem Förderstrom wahllos herausgegriffene Förderwagen zunächst gewogen und in A der Wageninhalt mit Hilfe eines

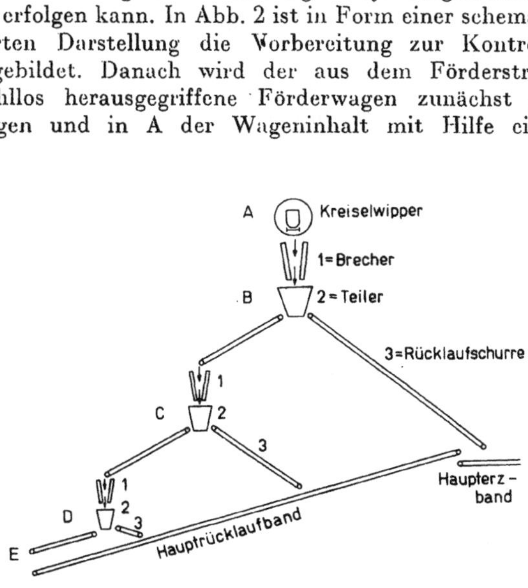

Abb. 2. Schematische Darstellung einer Verdünnungskontrollanlage (Kommissionskläubung mit reduzierter Probe)

Kreiselwippers in einen dreistufigen Zerkleinerungs- und Reduzierprozeß gebracht.

Der ersten Brech- und Teilstufe B mit einer Aufgabe von Erz mit durchschnittlich 400 bis 800 mm Korngröße und einem Teilverhältnis von 1:10, der zweiten Brech- und Teilstufe C mit den Kennziffern von durchschnittlich 150 bis 250 mm Korngröße und einem Reduzierverhältnis von 1:10 folgt die dritte und letzte Stufe D mit einer Aufgabe von 50 bis 70 mm Korngröße und einem Teilverhältnis von 1:3. Nach dem Durchlauf durch dieses kaskadenförmig angelegte System mit zentralen Rücklaufbändern liegt von dem Förderwageninhalt von etwa 660 kg Erz eine zu kläubende Endprobe von 2 bis 4 kg in der Korngröße > 10 bis 30 mm vor. In einem Kläuberaum E wird die Probe in bauwürdiges Erz und Verdünnung von eigens dafür qualifizierten Kläubern, die in der Lage sind, mit einfachen Hilfsmitteln die Merkmale der Flözlagen zu unterscheiden, getrennt und in einer Brigadeliste erfaßt. Die Ergebnisse jedes Kollektivs werden anschließend zu Tageswerten rechnerisch zusammengefaßt und durch Aushang bekanntgegeben. Bei dieser Methode ergeben sich wegen der Kleinstückigkeit Schwierigkeiten (JANKOWSKI & MEYER 1970) in der Unterscheidung zwischen den unteren und oberen Lagen des Kupferschiefers. Es mußte deshalb die Einführung dieser Methode von einer umfassenden Testserie im Vergleich zur Kommissionskläubung und deren mathematisch-statistischer Auswertung abhängig gemacht werden (EICHHORN u. a. 1961). Dieser Vergleich erbrachte positive Ergebnisse. Auch die Absiebung des Feinerzes < 10 mm Korngröße zwang zu umfangreichen Ergänzungsuntersuchungen.

Zur Vermeidung von Kläubefehlern laufen gegenwärtig Bestrebungen, durch nochmaliges Zusammenfassen der Einzelproben einen Fortschritt zu erreichen. Auch Dichtetrennverfahren scheinen möglich.

Förderbandprobenahme

Diese im Untersuchungsstadium befindliche Methode soll in der nächsten Zeit zu einer Erhöhung des Informationswerts der Kontrollkennziffern durch Zeitverkürzung führen. Dabei erfolgt die Entnahme der Kontrollprobe nicht über Tage, sondern unmittelbar am Arbeitsplatz durch Bemusterung des Erzes auf den Förderbändern. Die Entnahme eines repräsentativen Probenmusters kann entweder durch Herunterkratzen des Erzes vom ruhenden Förderband, durch mechanische Entnahme am bewegten Band oder durch dosierte Beschickung des Hauptbandes von den Zubringerbändern und Abfangen in einen Förderwagen erfolgen. Für die Aussortierung der Proben bieten sich unter Tage bereits vorgerichtete Räume oder der übertägige Kläubekreislauf an. Durch dieses Verfahren könnten teilweise einige Prozeßstufen übersprungen und dadurch geringerer Kontrollaufwand erzielt werden.

Kupfergehaltsmethode

Bei diesem direkten Verfahren wird zur Überbrückung des visuellen Auslesevorgangs bei schwer zu unterscheidenden Erzen der Metallgehalt des anstehenden Erzes mit dem Metallgehalt des Fördererzes verglichen und als Ausbringenskennziffer berechnet. Die Kupfergehaltsmethode kann aus Gründen des hohen Kontrollaufwands und der in Abhängigkeit stehenden Genauigkeit (Fehlermaß) nur bei Erzen mit geringem Kupfergehalt angewendet werden. Dies trifft im Kupferschieferbergbau in der Regel nur beim Hangenderz zu. Nachteilig wirkt sich außerdem gegenüber den Erzmethoden die den zeitlichen Informationswert mindernde Verarbeitungsstufe im Labor aus. Der Ausweis der Ergebnisse erfolgt nach der Beziehung:

$$\text{Ausbringen (\%)} = \frac{\text{Gehalt des Fördererzes} \cdot 100}{\text{Gehalt des anstehenden Erzes}}$$

Berechnung der Erzverdünnung

Im Zusammenhang mit der Einführung und größeren Verbreitung verdünnungs- und verlustarmer Gewinnungsverfahren (JANKOWSKI & MEYER 1970) mußten zur Senkung der Erzverluste normentechnische Varianten eingeführt werden, die im wesentlichen die Vorgabe eines hohen Verdünnungs- oder auch Armerzanteils betreffen. Bei der technologisch möglichen, sehr variablen Streuung der Einzelergebnisse um den Mittelwert reichen die Kapazitäten der Anlage nicht aus, um mit der gleichen Genauigkeit wie bei normalen Verfahren die Resultate ausweisen zu können. Es wurde daher in Kombination mit der direkten Bestimmung der Erzverluste die indirekte Methode der „Berechnung der Erzverdünnung bzw. des Armerzanteils" eingeführt. Bei dieser Methode wird das Fördererz mit dem um den Betrag der Erzverluste verringerten anstehenden Erz nach folgender Beziehung verglichen:

$$\text{Erverdünnung oder Armerzanteil (\%)} = \frac{\text{Fördererz} - (\text{anstehend. Erz} - \text{Erzverlust}) \cdot 100}{\text{Fördererz}}$$

Wie alle indirekten Methoden hat auch diese Methode den Nachteil, daß nur in großen zeitlichen Abständen ein Ergebnis vorliegt und damit die schnelle Information nicht möglich wird. Außerdem müssen mit einem großen Aufwand die Grundparameter zusammengetragen werden. Auch die Vielzahl der Faktoren wirkt sich trotz teilweiser Ausgleichung fehlertheoretisch ungünstig aus. Im einzelnen sind dies:

die Ermittlung der abgebauten Fläche, die Mächtigkeit des Erzes, die Dichte des Erzes;
die Ermittlung der abgebauten Fläche;
die Berechnung des geologischen Erzes;
die Wägung des Fördererzes;
die Bestimmung der äußeren Nässe;
die Ermittlung der Erzverluste.

Trotzdem muß dieser Methode der Vorzug gegenüber der Kommissionskläubung mit reduzierter Probe gegeben werden, weil

eine spürbare Reduzierung der Erzverluste nur durch eine Erhöhung der Grenzwerte bei gleichzeitiger direkter Kontrolle der Erzverluste möglich ist;
einer Erweiterung der Anlage aus ökonomischen Gründen nicht zugestimmt werden konnte und
der Armerzanteil unter bestimmten Voraussetzungen im Gegensatz zur echten Erzverdünnung ökonomisch keine Nachteile bringt.

5. Ermittlung des Kläubeanteils

Eine nicht unerhebliche Bedeutung, weil direkt mit den Einkünften der Arbeiter verbunden, ist der für die Genauigkeit des Ergebnisses wichtige Stichprobenumfang. Mit zunehmender Wertigkeit der Trennung in gültiges und ungültiges Erz als Bewertungsgrundlage für

einen Teil der Qualitätsarbeit des unmittelbar produzierenden Kollektivs und
für die Steuerung des Rohhüttenprozesses

war es notwendig, die Stichprobenauswahl so zu treffen, daß die Wahrscheinlichkeit der Aussage ein Höchstmaß erreicht, eine optimale Auslastung der Kontrollanlage gewährleistet und in gleichem Maße die ökonomische Bedeutung des Kontrollobjekts in Abhängigkeit von bergmännischen und geologischen Parametern beachtet wird. In der Vergangenheit wurde deshalb bei der Kläubung im Freien und bei der Stallkläubung das Erz 100%ig entsprechend der Lagengültigkeit sortiert. Bis zu diesem Zeitpunkt spielte also ein Auswahlverfahren keine Rolle. Nachdem jedoch die Stallkläubung durch die Kommissionskläubung abgelöst wurde, tauchte zum erstenmal die Frage auf: Wieviel Wagen müssen von jedem Kollektiv gekläubt werden, um die Entlohnung einer Brigade an das Ergebnis dieser Verdünnungskontrolle knüpfen zu können?

Der Stichprobenumfang rückte also sofort in den Blickpunkt, als nur noch Teile der Produktion kontrolliert werden konnten. Den ersten und einzigen Versuch in dieser Richtung unternahmen LAUE, HILDEBRANDT & BINTIG (1955), die nach Kapazitätsstudien der vorhandenen kläubetechnischen Einrichtungen der Kommissionsanlagen für die Mansfelder Schächte folgende Kläubeanteile festlegten:

Otto-Brosowski-Schacht	25%	der Produktion jedes Kollektivs
Ernst-Thälmann-Schacht	12,5%	„ „ „ „
Fortschrittsschacht	10%	„ „ „ „
Max-Lademann-Schacht	25%	„ „ „ „

Der Minimalanteil von 10% wurde später ohne weitere Untersuchungen auf die Kommissionsanlagen der Sangerhäuser Schächte übertragen und sogar noch beibehalten, als die Kommissionsanlagen auf Kläuben mit reduzierten Proben umgestellt wurden. Dieser Verfahrensweise haften folgende Mängel an:

a) Der Kläubeanteil ist nur technisch begründet und nicht fehlertheoretisch untermauert.

b) Die Kapazitäten der einzelnen Schächte waren zu unterschiedlich, um Werte übertragen zu können.

c) Die Kennziffern stellen Schachtdurchschnitte dar, wobei Förderwagenanzahl, Lagengültigkeit, Mechanisierungsart und anderes nicht beachtet wurden.

Auch andere Forderungen, wie die verstärkte Kontrolle bei erkannten Überschreitungen des Verdünnungsgrenzwerts, setzten für Abrechnungszwecke das Vorhandensein eines notwendigen Kontrollumfangs voraus und konnten daher nur zusätzlich angewendet werden. Es war deshalb unbedingt notwendig, einen optimalen Kläubeanteil zu ermitteln, der technisch-organisatorisch, mathematisch-statistisch und ökonomisch begründet ist.

Damit war zwar den technischen Möglichkeiten Rechnung getragen worden, niemals aber der einem Stichprobenverfahren innewohnenden Struktur. Gemeint hierbei ist der Umstand, daß die Stichprobenkennziffern zufällige Veränderliche sind. Daraus aber folgt nach EGERMAYER & FOERSTER (1966), daß die ermittelten

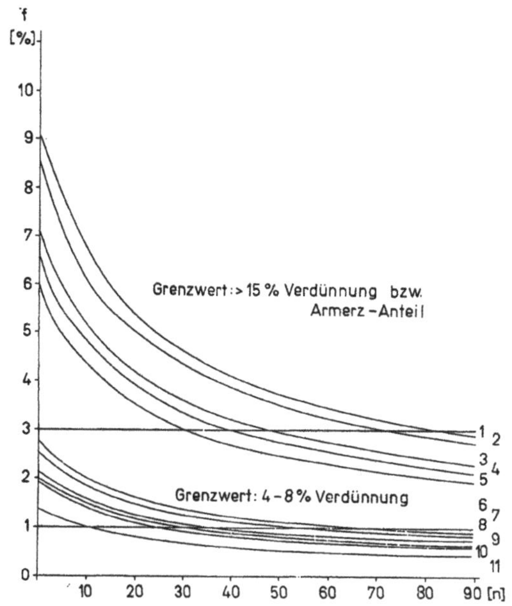

Abb. 3. Abhängigkeit zwischen absolutem Fehlermaß und Stichprobenumfang für zwei Grenzbereiche der Verdünnungsbestimmung

1 – Plattenbänder (PB), Lage 1–6; 2 – Einschienenförderer (ESF), Lage 1–5 1/2 und Hangenderz; 3 – Geradstrebe (GS), Lage 1–6; 4 – Schießerstrebe (SCH), Lage 1–6; 5 – Geradstrebe (GS), Lage 1–5; 6 – Einschienenförderer (ESF), Lage 1–5; 7 – Huntestrebe (HS), Lage 1–4; 8 – Plattenbänder (PB), Lage 1–4; 9 – Plattenbänder (PB), Lage 1–5; 10 – Huntestrebe (HS), Lage 1–5 und Hangenderz; 11 – Huntestrebe (HS), Lage 1–5

Stichprobenkennziffern von Stichprobe zu Stichprobe mehr oder weniger stark zufallsbedingt um den Wert der entsprechenden Kennziffer der Grundgesamtheit schwanken. Darüber hinaus stellte LANKAU (1964) bereits fest, daß die Genauigkeit der durch eine Stichprobe gewonnenen Werte nicht vom relativen, sondern vom absoluten Stichprobenumfang abhängt. Das bedeutet aber nichts anderes, als daß für die Sicherheit der durch die Stichprobe ermittelten Werte nicht der (relative) Anteil der gekläubten Wagen, sondern ihre (absolute) Anzahl ausschlaggebend ist.

Aus diesem Grunde war eine umfangreiche Untersuchung des Kläubeanteils unter Berücksichtigung aller beeinflussenden Faktoren erforderlich. Nach durchgeführten Studien von JANKOWSKI, MEYER & FREESE (1965) wird der Kläubeanteil im wesentlichen durch folgende Faktoren bestimmt:

a) durch die sich aus den Einzelproben ergebende Streuung vom Mittelwert, differenziert nach den geologischen, technologischen und gebirgsmechanischen Bedingungen und dem Gewinnungsverfahren;

b) durch die technische Durchsatzkapazität der vorhandenen Kläubeanlagen;

c) durch den ökonomischen Aufwand.

Die Abhängigkeit von Streuung und Mittelwert zum notwendigen Stichprobenumfang ist für mehrere Verdünnungsgrenzwerte und Gewinnungsverfahren im Diagramm Abb. 3 dargestellt. Wie man hieraus erkennen kann, gliedert sich die Darstellung in zwei deutliche Ebenen. Es handelt sich um die Verdünnungs- bzw. Armerzbereiche

zwischen 4 und 8% und > 15%.

Läßt man für jeden dieser Abschnitte getrennt eine etwa gleichgroße Genauigkeit zu, dann ergibt sich für den unteren Bereich ein notwendiger Stichprobenumfang zwischen 40 bis 80 Proben und für den oberen Bereich ein solcher von durchschnittlich 70 Proben. Die Aufspaltung des unteren Bereichs folgt dabei in linearer Abhängigkeit den Verdünnungsgrenzwerten. Danach gilt der Werkstandard 98-MN 52 vom Juni 1967 des VEB Mansfeld-Kombinat „Wilhelm Pieck", der im Komplex die vorstehend genannten drei Faktoren erfüllt.

Grenze der Erzverdünnung (in %)	Probenanzahl im Abrechnungszeitraum (Wagen)
3	30
4	40
5	50
6	60
7	70
8	80
15	70
25	70
35	70

Wenn auch der Werkstandard und die hierauf basierenden Dienstanweisungen bestimmte Variationen in begründeten Ausnahmefällen vorsehen, so stellt dieser Standard dennoch ein starres Gebilde dar, das den abbautechnischen und kläubetechnischen Entwicklungen nicht Rechnung trägt, das heißt, er folgt damit dem konventionellen Kläubeverfahren nach der vollen Lagengültigkeit 1 bis 4 und 1 bis 5. Dieser Schritt war zweifellos richtig und bedeutete erstmals die Festlegung von begründeten Kläubeanteilen in Abhängigkeit der Fehler und der Kapazität, die durch die Übertragung der Aussagen von einer Stichprobe auf die Gesamtheit entstehen. Dadurch aber war es erstmalig möglich, auf Grund der Fehlertoleranzen auch Toleranzen für die Staffelung der Mehrlohnprämie einfließen zu lassen.

Die Aussagen eines Kläubeverfahrens lassen sich jedoch sicherlich noch verbessern, wenn man noch andere mathematisch-statistische Prüfverfahren heranzieht. Hierfür scheint sich ein Verfahren nach WALD (1947) anzubieten, das als sequentielles Prüfverfahren = Wahrscheinlichkeitsverhältnistest bekannt geworden ist. Nach WEBER (1964) besteht die Methode dieses Verfahrens darin, die Hypothese H_0 auf Grund einer Stichprobe von m stochastisch unabhängigen Beobachtungen $x_1, x_2, \ldots x_m$ gegen die Hypothese H_1 zu prüfen. Nach dem Wert des Verhältnisses der Wahrscheinlichkeiten $p_{1m}:p_{0m}$ zu den beiden Prüfgrößen richtet sich sodann die Bewertung des Stichprobenumfangs. Analog zur Ablehnung oder Annahme von H_0 bzw. der Fortsetzung der Untersuchungen würde sich hieraus für die Methode der Kläubung ein variables Stichprobenverfahren ergeben, das über den Kontrollabschnitt bis zur eindeutigen Entscheidung geführt werden kann. Dieses Verfahren wird z. Z. im Kupferschieferbergbau für den praktischen Test vorbereitet und soll Ausgangspunkt für eine spätere technisch-ökonomische Bewertung der Verdünnungsgrenzwerte und Mehrlohnprämienstaffelungen werden.

Zusammenfassung

In der vorliegenden Arbeit wurde eine Beschreibung aller im Kupferschieferbergbau gebräuchlichen Methoden zur Verdünnungskontrolle gegeben und ausblickend auf besondere Schwerpunkte, wie Standardisierung der Methoden und Notwendigkeit eines allseitig begründeten Stichprobenumfangs, hingewiesen.

Резюме

В статье дается описание всех принятых при разработке медистого сланца методов для контроля разжижения руды; указывается на особенно важные вопросы, как стандартизация методов и необходимость всесторонне обоснованного колличества образцов.

Summary

Methods used in copper slate mines for controlling thinning are described, with special emphasis placed on their standardization and the necessity of a universally founded sampling inspection.

Literatur

DJATCHENKO, L. P.: Über einige Besonderheiten bei der Berechnung von Verlusten in den Betrieben des Rudny Altai (Erzaltai). – Raswedka i ochrana nedr, 10, 37–38 (1964).

EGERMAYER, F., & E. FOERSTER: Korrelations- und Regressionsanalyse. Ein Leitfaden für Ökonomen. – Verl. Die Wirtschaft, Berlin 1966.

EICHHORN u. a.: Umstellung der Kläubeanlagen. – Unveröff. Ber. Schachtanlage „Bernhard Koenen" (1961).

JANKOWSKI, G., & G. MEYER: Zu einigen Problemen der rationellen Lagerstättennutzung im Kupferschieferbergbau. – Z. angew. Geol., 16, 9, 407–416, Berlin 1970.

JANKOWSKI, MEYER & FREESE: Zur Ermittlung des Kläubeanteils. – Unveröff. Ber. VEB Mansfeld-Kombinat „Wilhelm Pieck", Betriebsdirektion Bergbau (1967).

LANCKAU, E.: Zur Ermittlung des Kläubeanteils. – KdT-Mitt. Mansfeld-Kombinat, 2/64, S. 25–26, Eisleben 1964.

LAUE, H., H. G. HILDEBRANDT & K.-H. BINTIG: Die Bewertung der Qualität des Arbeitsproduktes als materieller Anreiz zur Qualitätsverbesserung. – Unveröff., VEB Mansfeld-Kombinat „Wilhelm Pieck" (1955).

SERGEJEW, A. A.: Über die Berechnung der beim Abbau entstehenden Mineralverluste und Verdünnung. – Gorny Shurnal, 1, 11–15 (1961).

TERPIGOREW, A. M., & N. A. JARZEW: Handbuch für den Erzbergbau, Bd. II. – Verl. Technik, Berlin 1954.

WALD, A.: Sequential analysis. – London 1947.

WEBER, E.: Grundriß der biologischen Statistik. 5. Aufl. – VEB Gustav Fischer Verl., Jena 1964.

Betriebsanweisungen des VEB Mansfeld-Kombinat „Wilhelm Pieck", Betriebsdirektion Bergbau, S 9/67 und S 10/67.

Die Rolle der Mikroorganismen bei der Bildung und Zerstörung der Sulfide in den Erzlagerstätten

N. N. LJALIKOWA, UdSSR

Es wird die biogene Bildung von Schwefelwasserstoff untersucht, durch dessen Einwirkung sedimentäre Sulfiderzlagerstätten entstehen und die Sulfide in der Zone der sekundären Anreicherung ausgeschieden werden können. Dabei wird die Rolle der Bakterien bei den Oxydationsprozessen, bei der Entstehung der Reduktionszone von Sulfidlagerstätten analysiert. Weiterhin kommen Beispiele der praktischen Ausnutzung dieser Prozesse für die Kupfergewinnung aus „armen Erzen" zur Behandlung. Außerdem wird der Einfluß der bakteriellen Oxydation der Sulfide auf die sie begleitenden seltenen Elemente und Gold geklärt.

Hinsichtlich der verschiedenen Elemente hat sich langsam die Ansicht durchgesetzt, daß die Mikroorganismen im Stoffkreislauf der Natur eine große Rolle spielen. Die Mikrobiologie, eine relativ junge Wissenschaft, hat sich in den Anfängen ihrer Entwicklung im wesentlichen mit der Untersuchung der Mikroorganismen als Krankheitserreger befaßt. Jedoch bereits in den 80er Jahren des vorigen Jahrhunderts richtete sich das Augenmerk auf die prinzipielle Rolle der Bakterien im Kohlenstoffkreislauf der Erde, die sich in der Zersetzung einer gewaltigen Masse toter organischer Substanz zeigt. Auf die große Bedeutung der Mikroorganismen bei der Verschiebung der Konzentration und Dispersion der chemischen Elemente in der Biosphäre hat bereits WERNADSKIJ (1959) hingewiesen.

Wenn im Kreislauf des Kohlenstoffs die heterotrophen, die organische Stoffe zerstörenden Bakterien die größte Bedeutung haben, muß die wichtigste Rolle innerhalb der in den an organischer Substanz armen Sulfidlagerstätten ablaufenden Prozesse den autotrophen Mikroorganismen beigemessen werden. Diese wurden von dem führenden russischen Mikrobiologen WINOGRADSKIJ (1952) entdeckt. Er bewies, daß die Oxydation von Stickstoff und Schwefel durch Bakterien unter Energieabgabe erfolgt. Diese Energie wird von den Mikroorganismen für die Reduktion der Kohlensäure und für andere Lebensprozesse genutzt. So entdeckte WINOGRADSKIJ im Jahre 1887 eine neue Existenzweise – die Chemosynthese. Bei diesem Prozeß wird, ähnlich wie bei der Photosynthese, organische Substanz aus Kohlensäure und Mineralsalzen gebildet. An Stelle der Sonnenenergie wird jedoch die bei der Oxydation der oxidischen Stickstoff-, Schwefel-, Eisen- und Wasserstoffverbindungen frei werdende chemische Energie ausgenutzt.

Die Mikroorganismen sind von allen Lebendsubstanzen biochemisch am aktivsten und vermehren sich sehr schnell. Sie sind in der Natur weit verbreitet. Die Sulfidlagerstätten enthalten einzelne Arten in der Größenordnung von einigen zehntausend bis zu einigen hunderttausend Zellen in 1 g Gestein oder 1 cm^3 Wasser. Die Gesamtmenge der Bakterien beträgt pro 1 g gewöhnlich einige Millionen Bakterien. Hieraus erklärt sich auch ihre „geochemische Energie" und jene „äußerst intensive Migration der Elemente, die sie bewirken können" (WERNADSKIJ 1959).

In den Sulfiderzlagerstätten können die Mikroorganismen eine Doppelfunktion ausüben. Erstens sind sie an der Bildung der sedimentären Lagerstätten beteiligt, und zweitens beschleunigen sie die hypergenen Prozesse der Oxydation der Sulfide.

An der Ausfällung der Sulfide aus metallführenden Lösungen können sulfatreduzierende Bakterien beteiligt sein, anaerobe Organismen, die eine ganze Reihe von organischen Stoffen durch den Sauerstoff der Sulfate oxydieren, die dabei zu Schwefelwasserstoff reduziert werden. Unter normalen Temperatur- und Druckverhältnissen kann ohne Bakterien kein Schwefelwasserstoff entstehen. Das beweisen die Versuche von THIEL (1925), bei denen unter Einwirkung von Kohle, bituminösem Schiefer, Asphalt, Methan, Azetylen und Wasserstoff keine Sulfide ausgefällt wurden. Die Reduktion der Sulfate ist ein Prozeß, für den sehr große Energiemengen erforderlich sind. Die Bakterien nutzen hierbei die bei der Oxydation der organischen Substanz frei werdende Energie aus. Als Energieträger dient die Adenosintriphosphorsäure – ein „universeller" Energieträger und Energiespeicher bei biologischen Prozessen.

Als erster vertrat BASTIN (1926) die Hypothese, daß die sulfatreduzierenden Bakterien bei der Bildung der Sulfiderze eine Rolle spielen. Damals waren diese Bakterien bereits in einer Reihe von schwefelwasserstoffhaltigen Wässern, die mit Erdöllagerstätten verbunden waren, nachgewiesen worden.

Kommen diese Wässer, deren Schwefelwasserstoff bioge-

Aus: „Geologija rudnych mestoroshdenij", Verlag Nauka, Moskau, Band XII, Heft 1, 1970, S. 63–72.
Übers.: L. LINDNER, Berlin.

Zeitschrift für angewandte Geologie, Bd. 17 (1971), Heft 9

nen Ursprungs ist, in Kontakt mit metallführenden Lösungen, werden die Metalle in Form von Sulfiden ausgefällt. Die Metalle stammen wahrscheinlich aus dem Magma und wurden durch Tiefenwässer transportiert. Auf diese Weise können sowohl syngenetische als auch epigenetische Lagerstätten entstehen. Einen Beweis für seine Hypothese sah BASTIN in der Tatsache, daß in den Staaten Missouri, Kansas und Oklahoma viele Erze mit Schwerölen und Bitumen in Verbindung stehen. Besonders interessante Beobachtungen machte er auf einer Lagerstätte in Pennsylvania. Die Metalle aus den Erzen einer Sulfidlagerstätte standen in Kontakt mit einer Erdöllagerstätte, gingen durch Oxydation in Lösung und wurden in den Flankenbereich der Lagerstätte transportiert. Dort traten schwefelstoffhaltige Wässer auf, die sulfatreduzierende Bakterien enthielten. Unter der Einwirkung des Schwefelwasserstoffs wurden die in Lösung gegangenen Metalle erneut ausgefällt. So erfolgte die sekundäre Anreicherung der Lagerstätten in diesem Falle nicht wie gewöhnlich in der Tiefe, sondern an ihren Flanken.

Nach A. I. GERMANOW (1961) können die Kupfersandsteine von Naukata im Ferganabecken als Beispiel für die Bildung einer epigenetischen Sulfidvererzung in einer erdölführenden Struktur genannt werden.

Hinsichtlich der Bildung sekundärer Sulfide ist die Kieslagerstätte Chudes, die an die vulkanogen-sedimentären Bildungen des Peredowoigebirges (Großer Kaukasus) gebunden ist, sehr interessant. Hier laufen sowohl chemische als auch bakterielle Oxydationsprozesse ab, infolge deren sich saure Vitriolwässer bilden. Außerdem treten schwefelwasserstoffhaltige Wässer auf, die bis zu 10000 Zellen sulfatreduzierender Bakterien in 1 ml enthalten. Offensichtlich kommt es hier zu einer rezenten Bildung von Schwefelwasserstoff, was durch Laborversuche bestätigt wurde (LJALIKOWA & DERJUGINA 1966). Es war zu erwarten, daß das Zusammentreffen von sauren metallführenden mit schwefelwasserstoffhaltigen Wässern zur Bildung sekundärer Sulfide führt. Diese Annahme wird durch die Untersuchung der Isotopenzusammensetzung der Sulfiderze der Lagerstätte bestätigt. Wie SKRIPTSCHENKO u. a. (1963) zeigten, sind die Pyrite an den Flanken der Sulfidlinse im Unterschied zu den Pyriten des Haupterzkörpers mit dem leichten Schwefel S^{32} angereichert. Das ist ein Beweis für ihre Entstehung aus biogenem Schwefelwasserstoff, bei dessen Bildung auch die Trennung der Isotope erfolgte.

Sulfatreduzierende Bakterien kommen auf einer ganzen Reihe von Sulfiderzlagerstätten vor. Eine besonders weite Verbreitung wurde im Dsheskasgan festgestellt, wo sie in 25 von 50 untersuchten Proben nachgewiesen wurden (LJALIKOWA & SOKOLOWA 1965). Laborversuche zur Nutzung von sulfatreduzierenden Bakterien organischer Stoffe, die durch ein Spiritus-Benzol-Gemisch aus den erzführenden Sandsteinen und Kalksteinen des Dsheskasgan extrahiert wurden, haben ihre Fähigkeit zur Bildung von Schwefelwasserstoff aus dem auf der Lagerstätte vorkommenden Bitumen bewiesen. In einem Fall haben sich die Bakterien unmittelbar auf dem gemahlenen Gestein entwickelt und 170 mg/l H_2S gebildet.

Viele Wissenschaftler haben Modellversuche zur Bildung von Sulfiden unter Einwirkung von biogenem Schwefelwasserstoff ausgeführt. BAAS BECKING & MOORE (1961) gewannen auf biologischem Wege Covellin, Digenit, Argentit, Sphalerit und Galenit. Diese Minerale wurden aus den Karbonaten oder Chloriden der entsprechenden Metalle gewonnen, und zwar durch Reduktion der Sulfate mittels Entwicklung der Bakterien in einem Milieu mit künstlichem Meereswasser in der Wasserstoffatmosphäre oder unter Zusatz von Kalziumlaktat. MILLER (1950) erhielt bei seinen Versuchen die Sulfide von Antimon, Wismut, Kadmium, Kobalt, Nickel, Blei, Eisen und Zink unter der Einwirkung von biogenem Schwefelwasserstoff. Er vertrat die Auffassung, daß einige Sulfiderze möglicherweise bakteriellen Ursprungs sind. Die Röntgenogramme der gewonnenen Sulfide entsprachen denen der natürlichen Minerale.

Interessante Angaben über die Umverteilung der Metalle durch Desorption und Neuausfällung in Form von Sulfiden sammelten TEMPLE & ROUX (1964).

Die Laborversuche zur Bildung von sekundären Kupfersulfiden haben wir mit einem Gerät durchgeführt, das im wesentlichen aus zwei Glasröhrchen besteht. In das obere Röhrchen wurden 200 g primäres Kieserz von der Lager-

Tabelle 1. Veränderung des Redoxpotentials bei der Bildung eines sekundären Sulfids

Konzentration von Fe und Cu und Eh-Wert der Lösung	Versuchszeit 24 Stunden				
	3	6	10	15	20
Eh-Wert im Erzröhrchen, mv	430	460	470	415	485 $rH_2 = 25,4$
Eh im oberen Teil des Gefäßes mit den sulfatreduzierenden Bakterien	−250 −235	−215 −225	−235 −215	−190 −215	−240 −220 $rH_2 = 6,8$
Eh im unteren Teil des Gefäßes mit den sulfatreduzierenden Bakterien	–	–	50	5	–
Fe^{3+} in der Lösung, mit der das Erzröhrchen durchflutet wurde, mg/l	–	–	96	168	186
Cu in der Lösung, mit der das Erzröhrchen durchflutet wurde, mg/l					

Anmerkung: rH_2 = negat. lg des Drucks des molekularen Wasserstoffs

stätte Urupskoe gefüllt, das mit der gleichen Menge Quarzsand vermischt wurde. Im Unterschied zu den Versuchen anderer Wissenschaftler wurde die Kupferlösung auf biologischem Wege unter Einwirkung einer in der dem Erz zugesetzten Minerallösung enthaltenen Thionbakterienkultur (*Thiobacillus ferrooxidans*) gewonnen. Das Erz im Röhrchen wurde mehrere Male mit der gleichen Flüssigkeit durchflutet. Das untere Röhrchen enthielt eine Nährflüssigkeit mit Kalziumlaktat, die mit einer Sammelkultur sulfatreduzierender Bakterien aus der gleichen Lagerstätte infiziert wurde. Im Mittelteil des Geräts befand sich der Quarzsand, auf dem die sich bildenden Sulfide ausgefällt werden sollten.

Unter der Einwirkung der Bakterien *Thiobacillus ferrooxidans* konnte tatsächlich eine intensive Oxydation des Erzes beobachtet werden. Nach fünf Tagen wurden auf dem Erz die gebildeten Mikroorganismen mit den Eisenhydroxiden sichtbar. Nach 20 Tagen betrug der Kupfergehalt in der Flüssigkeit, mit der das Erz durchspült wurde, etwa 180 mg/l. Die Entwicklung der sulfatreduzierenden Bakterien setzte nach zwei Wochen für kurze Zeit aus und begann erneut, als molekularer Wasserstoff zugesetzt wurde. Die Veränderung des Redoxpotentials im Prozeß der Oxydation und Sulfatreduktion ist in Tab. 1 dargestellt. Im mittleren Teil des Geräts bildete sich schwarzes Kupfersulfid; am Glas setzte sich ein Mineralsulfid ab, das mit seinem bläulichen Schimmer an Bornit erinnerte.

Bei der mineralogischen Untersuchung wurde in dem Schliff, der aus dem Sand mit dem Anflug aus sekundären Sulfiden angefertigt wurde, Covellin-CuS nachgewiesen. Entsprechend der Oxydation der Sulfide hat das Redoxpotential in dem Erzröhrchen zugenommen. Im unteren Teil des Geräts, in dem die H_2S-Bildung erfolgte, blieb das Potential während des gesamten Versuchs niedrig.

Mit der Untersuchung der Rolle der Bakterien im Oxydationsprozeß der Sulfiderze wurde bereits vor etwa 20 Jahren begonnen, als COLMER & HINKLE (1947) einen neuen autotrophen Organismus entdeckten, den sie in den sauren Wässern der Schächte mit bituminöser Kohle nachgewiesen hatten.

Thiobacillus ferrooxidans unterscheidet sich von den übrigen autotrophen Organismen durch seine Fähigkeit, die Energie bei der Oxydation sowohl den Eisenoxid- als auch den Schwefeloxidverbindungen zu entziehen. Nach seinem Nachweis in Kohle, die eine große Menge Eisendisulfide enthielt, wurde er auch in den Sulfiderzlagerstätten gefunden. Im Jahre 1954 beschäftigte sich die erste Arbeit mit der Oxydation der verschiedenen Kupferminerale durch diese Organismen (BRYNER u. a. 1954). Die Versuchsergebnisse sind in der Abbildung dargestellt.

Gegenwärtig gibt es eine ganze Anzahl von Veröffentlichungen über die Oxydation der verschiedenen Sulfide (BRYNER & JAMERSON 1958; BRYNER & ANDERSON 1957; RAZZELL & TRUSSELL 1963). BRYNER & ANDERSON haben sich speziell mit den Fragen der Oxydation von Molybdänit beschäftigt. Sie bewiesen, daß unter der Einwirkung des *Thiobacillus ferrooxidans* das Siebenfache an Molybdänit in Lösung geht gegenüber der sterilen Kontrolle und fast das Dreißigfache, wenn der bakteriellen Oxydation ein Molybdän-Pyrit-Gemisch zugesetzt wird. Eine detaillierte Übersicht über die Arbeiten zur bakteriellen Zersetzung der Minerale wird in dem Artikel von SILVERMAN & EHRLICH (1964) gegeben. Die bisher bekannten Minerale, die unter der Einwirkung dieser Bakterien oxydieren können, sind in Tab. 2 angegeben.

Ihre Fähigkeit zur Oxydation verschiedener Sulfide entspricht nicht immer der „Leichtigkeit" ihrer chemischen Oxydation. So sind bei unseren Versuchen unter der Einwirkung von Bakterien innerhalb von 40 Tagen aus Sphalerit 2250 mg/l Zink und 85 mg/l Zink unter steriler Kontrolle in Lösung gegangen. Marmatit oxydiert schneller als Sphalerit. Der zeitliche Ablauf der bakteriellen Oxydation hängt häufig mit der Kristallisation des Minerals und der Größe der Teilchen zusammen. Ein sehr gut auskristallisierter Pyrit wurde fast nicht durch Bakterien oxydiert, während weniger gut auskristallisierter Pyrit gut oxydierte. Nach TEMPLE & DELCHAMPS (1953) verläuft die Oxydation von Pyrit nach folgendem Schema:

1. $FeS_2 + H_2O + 3^1/_2\,O_2 - Fe_2SO_4 + H_2SO_4$ (chemisch)

2. $FeSO_4 + 1/2\,O_2 + H_2SO_4 \overset{I}{-} Fe(SO_4)_3 + H_2O$ (*Thiobacillus ferrooxidans*)

3. $Fe_2(SO_4)_3 + FeS_2 \overset{I}{-} 3\,FeSO_4 + 2\,S$ (chemisch)

4. $2\,S + 6\,Fe_2(SO_4)_3 + 8\,H_2O - 12\,FeSO_4 + 8\,H_2SO_4$

5. $S + 1^1/_2\,O_2 + H_2O = 2\,H + SO_4^{2-}$ (*Thiobacillus ferrooxidans*)

Da *Thiobacillus ferrooxidans* nicht nur Eisen, sondern auch Schwefel oxydiert, wird die erste Reaktion wahrscheinlich durch diesen Organismus beschleunigt. So betrug nach den Angaben von NASAROWA (1969), die die Oxydation von Pyrit in der Kohle des Donezbeckens untersucht hatte, die Menge des in Lösung gegangenen Eisenoxyduls bei der sterilen Variante des Versuchs ein Siebentel der Menge des Versuchs mit Bakterien. Schon am Beispiel der Oxydation von Pyrit wird klar, daß der *Thiobacillus ferrooxidans* als Lieferant für das schwefelsaure Eisenoxid fungiert. Diese Substanz kann nach S. S. SMIRNOW (1955) „als ein sehr wichtiger Faktor bei der Umwandlung des sulfidischen Materials angesehen werden. Seine Bedeutung als Sauerstofflieferant für die verschiedenen Horizonte der Oxydationszone, darunter auch für die tieferen Horizonte, kann man nicht hoch genug einschätzen."

Diese Bakterien üben bei der Oxydation der Sulfiderze eine Doppelfunktion aus: sie oxydieren den sulfidischen Schwefel und überführen das Eisen(II)-Sulfat, das chemisch bei einem pH-Wert < 3 nicht oxydiert, in ein Sulfat von Eisenoxid. Bei der Oxydation von Chalkopyrit wird wahrscheinlich die unmittelbare Oxydation des sulfidischen Schwefels eine größere Bedeutung haben, bei der Oxydation der sekundären Sulfide dagegen die Entstehung von Eisen(III)-Sulfat.

Einzelne Sulfide werden sehr leicht durch die Bakterien oxydiert. Da sich im Ergebnis der Oxydation die wenig löslichen weißen Minerale Anglesit und Senarmontit bildeten, ist die farbliche Veränderung in den Versuchskolben jederzeit deutlich zu erkennen.

Die bakterielle Oxydation der Sulfide unter natürlichen Bedingungen vollzieht sich wahrscheinlich viel langsamer als im Laborversuch. Sie ist auf den verschiedenen Lagerstätten unterschiedlich stark, was von mehreren Umständen abhängt. Wie bereits erwähnt, braucht der *Thiobacillus ferrooxidans* für seine Entwicklung ein saures Milieu. Das Optimum des pH-Werts, das sich bei den verschiedenen Stämmen ändert, liegt zwischen 1,8 und 3,5. Ein derartiger Säuregrad entsteht gewöhnlich nur bei der Oxydation von Pyrit, der ein Disulfid ist. Folglich verläuft die bakterielle Oxydation um so schneller, je höher der Pyritgehalt der Lagerstätte ist.

Hieraus erklärt sich auch die Rolle der Nebengesteine. Wenn es sich um Karbonate handelt, die die Säure neutralisieren, kommt es auf den Lagerstätten unter der Einwirkung von *Thiobacillus ferrooxidans* gewöhnlich nur zu einer lokalen Oxydation in einzelnen Herden. Massige Erze oxydieren leichter als sporadisch eingelagerte. Massige Erze, die nicht zerklüftet sind, oxydieren nur schwer. Die Klüftigkeit eines Erzkörpers beschleunigt die bakterielle Oxydation, da sie nicht nur die Wasser- und Sauerstoffzufuhr erleichtert, sondern außerdem auch für die Einwirkung der Mikroorganismen eine große Angriffsfläche bietet. Die optimale Temperatur für die gewöhnlichen Rassen des *Thiobacillus ferrooxidans* beträgt 28 bis 30 °C. Hieraus erklärt sich, daß die bakterielle Oxydation im warmen Klima intensiver ist. In den Tropen können thermophile Rassen mit einem Optimum von 40 bis 45 °C existieren, am Polarkreis dagegen, zum Beispiel auf den Kupfer-Nickel-Lagerstätten der Halbinsel Kola, die sogenannten Psychrophilen; das sind Mikroorganismen, die sich bei niedrigen Temperaturen entwickeln. Ihre Oxydationstätigkeit ist jedoch auch etwas schwächer. Bei der Exploitation der Lagerstätten nimmt die bakterielle Oxydation bedeutend zu, da Sauerstoff und Wasser durch den Abbau in die tieferen Horizonte gelangen. So konnte auf der Lagerstätte Urupa, auf der vor einiger Zeit mit dem Abbau begonnen wurde, eine Intensivierung der bakteriellen Oxydation beobachtet werden (LJALIKOWA & DERJUGINA 1966).

Tab. 2. Sulfidminerale, die oxydiert werden können

Minerale	Formel	Autoren
Pyrit, Markasit	FeS_2	TEMPLE, DELCHAMPS, LETEN u. a.
Pyrrhotin	FeS	LJALIKOWA
Chalkopyrit	$CuFeS_2$	BRYNER, BECK, DEWIS, WILSON
Bornit	Cu_5FeS_4	
Covellin	CuS	
Chalkosin	Cu_2S	
Tetraedrit	$Cu_8Sb_2S_7$	
Enargit	$3\,Cu_2S \cdot As_2S_5$	EHRLICH
Arsenopyrit	$FeAsS$	EHRLICH, LJALIKOWA
Realgar	AsS	
Auripigment	As_2S_3	
Kobaltin	$CoAsS$	LJALIKOWA
Pentlandit	$(Fe, Ni_9)\,S_8$	,,
Biolarit	Ni_2FeS_4	RAZZELL, TRUSSELL
Bravoit	$(Ni, Fe)\,S_2$	
Millerit	NiS	
Polydymit	Ni_3S_4	LJALIKOWA
Antimonit	Sb_2R_3	,,
Molybdänit	MoS_2	BRYNER, ANDERSON
Sphalerit	ZnS	ZIMMERLEJ u. a.
Marmatit		IWANOW u. a., TRUSSELL
Galenit	PbS	EHRLICH
Geochronit	$Pb_5(Sb, As_2)S_8$	LJALIKOWA & KULIKOWA
Boulangerit	$Pb_5Sb_4S_{11}$	LJALIKOWA, SLAJN
Jamesonit	$Pb_4FeSb_6S_{14}$	
Zinkenit	$PbSb_2S_4$	

Praktische Bedeutung bakterieller Oxydation

Die bakterielle Oxydation der Sulfide hat nicht nur theoretische, sondern auch große praktische Bedeutung. Obwohl die Förderung von Kupfer durch unterirdische oder glomeroblastische Auslaugung, wie zum Beispiel in Rio Tinto (Spanien), schon etwa 300 Jahre betrieben wird, wurde die bakterielle Grundlage dieses Prozesses erst vor einiger Zeit geklärt. Auch heute wird in einer ganzen Reihe von Ländern (USA, Kanada, Mexiko, Portugal, Südafrikanische Union usw.) die Auslaugung der Erze so durchgeführt, daß für die Oxydationstätigkeit der Bakterien durch Bewässerung der Halden mit saurem Wasser, durch Beigabe von stickstoffhaltigen und Phosphorsalzen usw. (KARAWAJKO 1968) günstige Bedingungen geschaffen werden. Das Patent für die bakterielle Auslaugung des Kupfers aus armen Erzen sowie

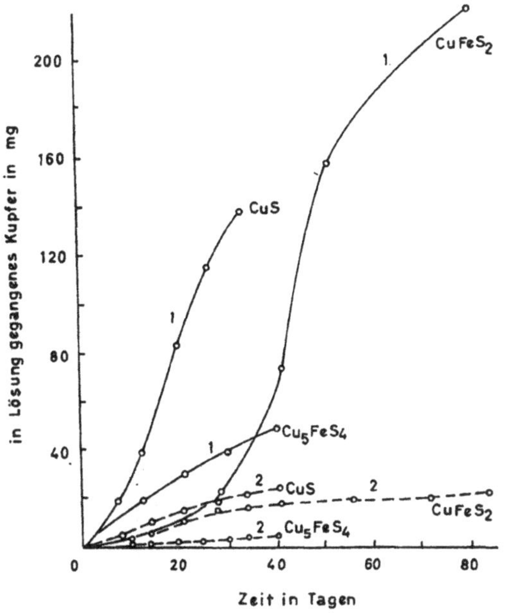

Abb. Bakterielle Oxydation der Kupfersulfide (nach BRYNER u. a. 1954)

1 – mit Bakterien; 2 – ohne Bakterien

für die Herauslösung des Eisens aus Chromit- und Titankonzentraten wurde im Jahre 1958 von der Firma Connecott Copper Corporation erworben. Bei seiner Anwendung wird auf die Herstellung der lösenden Stoffe $Fe_2(SO_4)_3$ und H_2SO_4 aus Pyrit unter der Einwirkung von Bakterien besonderes Augenmerk gerichtet. Das durch die Einwirkung auf die Sulfide reduzierte Eisen wird bakteriell oxydiert. So wird die ausgelaugte Lösung regeneriert, was einen zyklischen Aufbau des Auslaugungsprozesses möglich macht. Durch Schaffung der entsprechenden Bedingungen der Aeration, der Temperatur, des Säuregrads und vor allem durch Selektion der neuen, aktiveren Rassen von *Thiobacillus ferrooxidans* kann man die bakterielle Oxydation der verschiedenen Sulfide erheblich beschleunigen. So wurde in den Versuchen von TRUSSELL (TRUSSELL u. a. 1964) innerhalb von 35 Stunden eine Extraktion von 80% des Kupfers aus Chalkopyrit erreicht.

Man untersucht z. Z. die bakterielle Oxydation von Nickel, Uran und anderen Erzen; wesentliche industrielle Bedeutung hat die bakterielle Methode gegenwärtig jedoch für die Kupfergewinnung aus armen Erzen. Auf der Lagerstätte Bingam Cañon (USA), wo die Halden im Verlauf von 60 Abbaujahren auf mehr als 1 Mrd. t Material mit einem durchschnittlichen Kupfergehalt von 0,2% angewachsen sind, werden die Halden mit bakteriellen schwefelsauren Eisenoxidlösungen, die mit Schwefelsäure angesäuert wurden, behandelt. Durch Auslaugung der Halden werden allein auf dieser Lagerstätte ca. 200 t Kupfer pro Tag gewonnen. Insgesamt beträgt das auf hydrothermalem Wege unter Anwendung von Bakterien geförderte Kupfer ca. 20% der Weltförderung.

Einfluß der Mikroorganismen auf Gold

Von großer Bedeutung ist das vorläufig noch wenig untersuchte Problem des Einflusses der Mikroorganismen auf Gold. Sehr kleine Goldteilchen sind häufig in andere Sulfide eingeschlossen: in Pyrit, Arsenopyrit, Antimonit. Deshalb wird bei der bakteriellen Oxydation dieser Sulfide das Gold frei.

Nach früheren Angaben (TJURIN & KAKOWSKIJ 1960; LISTOWA u. a. 1966) können das bei der Oxydation der Sulfide entstehende Thiosulfat und möglicherweise einige Polythionate in einen wasserlöslichen Komplex mit Gold übergehen, wobei sie $Au(S_2O_3)^{3-}$-Verbindungen eingehen. Bei unseren Versuchen (LJALIKOWA & MOKEJTSCHEWA 1969) wurde zur

Tab. 3. Bei der Oxydation der Sulfide in Lösung gehendes Gold

Nr. des Versuchs	Bedingungen	Oxid. Sulfid	Bakterienkultur	In Lösung geg. Gold γ/l
1	stationäre	Gravitationskonzentrat	*Th. ferrooxidans*	270
2	,,		,,	390
Kontrolle	,,		keine Bakterien	0
3	auf der Schütteleinr.		*Th. ferrooxidans*	480
4	,,		,,	520
Kontrolle	,,		keine Bakterien	60
5	stationäre	Pyrit	*Th. ferrooxidans*	70
6	,,		,,	60
Kontrolle	,,		keine Bakterien	0
7	,,	Galenit	*Th. denitrificans*	210
8	,,		,,	250
Kontrolle	,,		keine Bakterien	0
9	,,	Antimonit	*Th. „y"*	440
Kontrolle	,,		keine Bakterien	90
10	,,	Galenit	*Th. ferrooxidans*	540
Kontrolle	,,		keine Bakterien	240

Oxydation der Sulfide ein Gravitationskonzentrat der Zodsker Lagerstätte mit einem Gehalt von 150 g/t Au verwendet, das Pyrit und Arsenopyrit enthielt. Bei Verwendung bestimmter Sulfide wurde chemisch reines Gold in einer Menge von 10 mg bei jeder Versuchsvariante zugesetzt. In Tab. 3 sind die Ergebnisse der einzelnen Versuche angegeben. Es wurden außer dem *Thiobacillus ferrooxidans* noch zwei weitere Kulturen verwendet. Sie gehören zur Gruppe der Thionbakterien und stammen aus Sulfidlagerstätten, entwickeln sich jedoch nicht im sauren, sondern im neutralen Milieu.

Sehr interessant sind die Arbeiten von PARES u. a. (PARES & COOPER 1964; PARES 1968), in denen die Herauslösung von metallischem Gold und Gold aus Lateriten unter Einwirkung von heterotrophen, sich in heterogenen Medien entwickelnden Bakterien untersucht wird. Bei den Versuchen wurden Bodensporenbakterien verwendet, die bei der Auflösung des Peptons und der Salze der in den Medien vorhandenen organischen Säuren unbekannte Substanzen bildeten, die in einen metallorganischen Komplex mit Gold übergingen. Unter Einwirkung von verschiedenen Bakterien sind bis zu 10 mg/l Au in Lösung gegangen. Die halbindustriellen Versuche mit diesen Bakterien lieferten bisher noch keine positiven Ergebnisse. Das ist durch Kontamination der verwendeten gewöhnlichen organischen Medien mit der fremden Mikroflora bedingt, die die benötigte Bakterienkultur verdrängte. Möglicherweise wird die Feststellung der chemischen Eigenschaften des wasserlöslichen Goldkomplexes ein neues Lösungsmittel für die Industrie liefern.

Außer durch Gold werden gelegentlich die Kupfersulfide von verschiedenen seltenen Elementen begleitet. Ihr Auf-

Tab. 4. Herauslösung der seltenen Elemente aus den Sulfiden unter Einwirkung des *Thiobacillus ferrooxidans*

Sulfid	Im Sulfid enthaltenes seltenes Element, in %	Versuchszeit, in Wochen	Gehalt des seltenen Elements in der Lösung am Ende des Versuchs, in mg/l (Durchschnittswerte)	
			Sterile Kontr.	Bei Vorhandensein von Bakterien
Geochronit	Thallium	4	0,1	0,27
	0,03 – 0,6	6	0,4	2,0
Sphalerit	Kadmium	3	0,35	1,85
	Indium	6	0,9	7,6
Sphalerit	Gallium	6	0	0,26
	Germanium	6	25	50
Galenit	0,001	4	0	0,02

treten in der Oxydationszone der Sulfidlagerstätten wurde von SINDEJEWA & KULIKOWA (1963) untersucht. Die Menge solcher Elemente wie Kadmium, Gallium, Indium und Thallium in den Oxydationsprodukten von Sphalerit und Galenit betrug den zehn- bis fünfzigsten Teil. Zur Feststellung des Einflusses der bakteriellen Oxydation der Sulfide auf die Herauslösung der seltenen Elemente wurde eine Anzahl von Versuchen durchgeführt. Die Durchschnittswerte sind in Tab. 4 angegeben. Ihr ist zu entnehmen, daß durch die Bakterien in der Lösung die zwei- bis sechsfache Konzentration des seltenen Elements im Vergleich zur chemischen Oxydation (LJALIKOWA & KULIKOWA 1965) erreicht wurde.

Aus den bisherigen Darlegungen wird ersichtlich, daß die Bakterien an vielen Prozessen in der Oxydationszone der Sulfiderzlagerstätten beteiligt sind. Da die Bakterien über eine Anzahl von Fermenten verfügen, die die Moleküle des Substrats, mit dem sie einen Substrat-Ferment-Komplex bilden, deformieren und dadurch die Energie für die Aktivierung der verschiedenen Reaktionen reduzieren, laufen diese Reaktionen unter der Einwirkung von Bakterien mit erhöhter Geschwindigkeit ab. Auf diese Weise wirken die Bakterien dank der Fermente bei dem Oxydationsprozeß als Katalysatoren. Unter bakterieller Einwirkung laufen auch solche thermodynamisch wenig wahrscheinlichen Reaktionen ab wie die Bildung von Schwefelwasserstoff aus Sulfaten. Das alles führt zur Veränderung, Migration und Umlagerung vieler Elemente in der Erdkruste.

Obwohl es für die geologische Mikrobiologie noch eine Menge ungeklärter Probleme gibt, besonders die Mikroflora der Sulfidlagerstätten ist noch sehr ungenügend untersucht, die Bedeutung der einzelnen Mikroorganismen ist nicht immer klar usw., steht heute bereits fest, daß man viele Prozesse nicht ohne Berücksichtigung der Rolle der Mikroorganismen untersuchen kann, ohne Einbeziehung dieser kleinen „Lebewesen, die in der Lage sind, große Wirkungen zu erzielen".

Schlußfolgerungen

1. Die Ergebnisse der Laborversuche einer Reihe von Wissenschaftlern (BAAS BECKING, MOORE, MILLER, TEMPLE u. a.) bestätigten die Hypothese von BASTIN von der Rolle der sulfatreduzierenden Bakterien bei der Bildung der Sulfide in der Zone der sekundären Anreicherung und bei der Entstehung der sedimentären Sulfiderzlagerstätten.

2. Die Mikroorganismen sind auf den Sulfiderzlagerstätten weit verbreitet. Durch ihre Fermentsysteme beschleunigen sie eine Reihe von chemischen Reaktionen um das Mehrfache und begünstigen dadurch die Migration, Konzentration und Dispersion der Elemente in der Erdkruste.

3. Die autotrophen Bakterien des *Thiobacillus ferrooxidans* spielen beim Aufbau der Oxydationszone eine große Rolle. Sie beschleunigen die Oxydation verschiedener sulfidischer Minerale, indem sie den Schwefel der Sulfide unmittelbar oxydieren und Eisen(III)-Sulfat bilden, das als ein starkes chemisches Oxydationsmittel angesehen werden muß.

4. Bei der bakteriellen Oxydation der Sulfide gehen Gold und die seltenen Elemente Fe, Ga, Cd, In und Cl in Lösung, die die Sulfide begleiten oder in deren Kristallgitter eingeschlossen sind.

Literatur

BAAS BECKING, L. G., & D. MOORE: Biogenic sulfides. – Econ. Geol., 56, 259 (1961).
BASTIN, E. S.: A hypothesis of bacterial influence in the genesis of certain sulfide ores. – J. Geol., 34, 737 (1926).
BRYNER, L. C., & R. ANDERSON: Microorganisms in leaching sulfide minerals. – Ind. Eng. Chem., 49, 1721 (1957).
BRYNER, L. C., & A. K. JAMERSON: Microorganisms in leaching sulfide minerals. – Sppl. Microbiol., 6, 281 (1958).
BRYNER, L. C., J. V. BECK, D. B. DAVIS & D. G. WILSON: Microorganisms in leaching sulfide minerals. – Ind. Eng. Chem., 46, 2587 (1954).
COLMER, A. R., & A. HINKLE: The role of microorganisms in acid mine drainage of some bituminous coal mines. – Science, 106, 253 (1947).
GERMANOW, A. I.: Die Rolle der organischen Substanz bei der Bildung hydrothermaler Sulfidlagerstätten. – Isw. wyssch. utsch. saw., ser. geol. i raswedka, 60, Nr. 80 (1961).
KARAWAJKO, G. I.: Die Rolle der Thionbakterien bei den hydrothermalen Prozessen der Auslaugung von Buntmetallen aus Erzen. In: Anwendung der bakteriellen Auslaugung von Buntmetallen aus nichtbilanzierten Erzen. – Zwetmetinformazija, M. (1968).
LJALIKOWA, N. N., & Z. P. DERJUGINA: Mikrobiologische Untersuchung einiger Sulfidlagerstätten des Nordkaukasus. – Mikrobiologie, Bd. 35, Ausg. 6 (1966).
LJALIKOWA, N. N., & M. F. KULIKOWA: Auslaugung der seltenen Elemente aus Sulfiderzen unter Einwirkung von Bakterien. – Vortr. AN SSSR, Bd. 164, Nr. 3 (1965).
LJALIKOWA, N. N., & L. JA. MOKEJTSCHEWA: Die Rolle der Bakterien bei der Migration von Gold in den Lagerstätten. – Mikrobiologie, Bd. 38, Ausg. 5 (1969).
LJALIKOWA, N. N., & G. A. SOKOLOWA: Mikrobiologische Untersuchung einiger Sulfidlagerstätten Zentralkasachstans. – Mikrobiologie, Bd. 34, Ausg. 2 (1965).
LISTOWA, L. P., A. Z. WAJNSCHTEJN & A. A. RJABININA: Lösung von Gold in Medien, die bei der Oxydation einiger Sulfide entstehen. In: Metallogenie der sedimentären und sedimentär-metamorphen Gesteine. – Verl. Nauka (1966).
MILLER, L. P.: Formation of metal sulfides through the activities of sulfate-reducing bacteria. – Contrib. Boyce Thompson Inst., 16, 3 (1950).
NASAROWA, L. N.: Hydrochemische Charakteristik und Bildungsbedingungen der Schachtwässer des östlichen Donezbeckens. – Autorref. kand. diss., Nowotscherkask 1969.
PARES, I.: Bakterielle Auslaugung von Gold. – Tes. dokl. VIII, Meshdunar. kongr. po obogaschtscheniju pol. iskop. L. (1968).
PARES, J., & J. COOPER: Essai d'épuisement des latérites aurifères par voie bactérienne. – Ann. Inst. Pasteur, 107, 4 (1964).
RAZZELL, W. E., & P. C. TRUSSELL: Microbiological leaching of metallic sulfides. – Appl. Microbiol., 11, 105 (1963).
SILVERMAN, M. P., & H. L. EHRLICH: Microbial formation and degradation of minerals. – Adv. in Appl. Microbiol., N. Y. (1964).
SINDEJEWA, N. D., & M. F. KULIKOWA: Die seltenen Elemente in der Oxydationszone der Sulfidlagerstätten. – Tr. IMGRE, Ausg. 10 (1963).
SKRIPTSCHENKOW, N. S., N. W. WESELOWSKIJ & A. P. ALEKSEEW: Isotopenbestand des Schwefels in den Pyriten der Kupferkieslagerstätten des Nordkaukasus. – Isw. AN SSSR, ser. geol., Nr. 5 (1963).
SMIRNOW, S. S.: Die Oxydationszone der Sulfidlagerstätten. – Verl. AN SSSR (1955).
TEMPLE, K. L., & E. W. DELCHAMPS: Autotrophic bacteria and the formation of acid in bituminous coal mines. – Appl. Microbiol., 1, 255 (1953).
TEMPLE, K. L., & N. W. ROUX: Syngenesis of sulfide ores. – Econ. Geol., 59, 4 (1964).
THIEL, G. A.: Manganese precipitated by Microorganisms. – Econ. Geol., v. 20, Nr. 4 (1925).
TJURIN, M. G., & I. A. KAKOWSKIJ: Das Verhalten von Gold und Silber in der Oxydationszone der Sulfidlagerstätten. – Isw. wyssch. utsch. sawed., Buntmetallurgie, Nr. 1 (1960).
TRUSSELL, P. C., C. C. WALDEN & D. W. DUNCAN: Bacterial extraction of metals. – Western Miner, July 1964.
WERNADSKIJ, W. I.: Grundzüge der Geochemie. – Bd. 1, AN SSSR (1959).
WINOGRADSKIJ, S. N.: Mikrobiologie des Bodens. – AN SSSR (1952).

Die Mineralvorräte im maritimen Bereich und die Aufgaben der marinen Erkundungsgeophysik

W. W. FEDINSKIJ, UdSSR

Referiert von W. BEYER, Schneeberg

Gegenwärtig erfordert die Gewinnung mineralischer Rohstoffe aus den Meeren und Ozeanen eine besondere Aufmerksamkeit. Zusammen mit dem schnellen Wachstum der Erdbevölkerung und der Produktivkräfte der menschlichen Gesellschaft nehmen auch die Forderungen nach Bodenschätzen in geometrischer Kurve zu. Die großen Erfolge der Technik ermöglichten die effektive Erschließung der untermeerischen Bodenschätze in der Schelfzone und schufen reale Perspektiven für die Suche von Mineralrohstoffen am Meeresboden.

In der Sowjetunion sind einerseits bauwürdige prognostische Vorräte an Erdöl, Erdgas, Bunt- und Schwermetallen und anderen Rohstoffen vorhanden, so daß noch nicht auf die Meerestiefen zurückgegriffen werden muß.

Aus: „Sowjetskaja Geologija", H. 5, S. 3–14, Moskau 1969.

Andererseits weisen bereits heute viele Tatsachen darauf hin, daß man sich ernsthaft und systematisch mit dem Problem der untermeerischen Mineralrohstoffe beschäftigen muß. Die Erfahrungen aus dem Kaspischen Meer und der erdöl-erdgas-höffigen Gebiete des Schwarzen Meeres, des Schelfs von Sachalin und anderer Gebiete orientieren bereits jetzt auf die Erkundung neuer mariner Lagerstätten.

Ökonomisch und technisch fundierte Pläne existieren für die Ausbeute küstennaher Seifen von Titan und Zirkon sowie Zinn und Gold entlang den Ufern der Ostsee, des Stillen Ozeans und des Eismeers. In der Sowjetunion sind die Voraussetzungen für eine Untersuchung der untermeerischen Rohstoffe in Angriff genommen worden. Die erste Etappe in dieser Richtung wird die geologische und geophysikalische Erforschung des Meeresgrunds sein. Zu diesem Zweck wurde im Jahre 1967 das Wissenschaftliche Allunions-Untersuchungsinstitut für Meeresgeologie und -geophysik (WNIIMORGEO) des Ministeriums für Geologie der Sowjetunion geschaffen. Im vorliegenden Aufsatz wird vom Autor in allgemeiner Form der jetzige Stand der Untersuchungen dargelegt, ohne dabei auf Vollständigkeit Anspruch zu erheben, sondern nur um eine Vorstellung des Gesamtproblems zu geben.

Die Oberfläche des Weltmeeres umfaßt 360 Mill. km² oder 71% der Erdoberfläche; dabei entfallen 26 Mill. km² (7%) auf den Kontinentalschelf (0—200 m), 39 Mill. km² (11%) auf den Kontinentalabhang (200—2440 m), 282 Mill. km² (79%) auf den Tiefseeboden (2440 bis 5750 m) und 11 Mill. km² (3%) auf die Tiefseegräben. 93% der untermeerischen Erdkruste befinden sich unterhalb von 200 m Wassertiefe.

Das Problem der untermeerischen Mineralrohstoffe muß in Abhängigkeit vom geologischen Tiefenbau unter zwei Aspekten betrachtet werden. Im Gebiet des Schelfs und Kontinentalabhangs treten eine Erdkruste kontinentalen Typs („Granitschicht") und im Tiefseegebiet der ozeanische Krustentyp („Basaltschicht") auf. Dieser ozeanische Krustentyp ist unzureichend untersucht und metallogenetisch besonders unklar. Im Bereich des Schelfs und Kontinentalabhangs treten mächtige sedimentäre, magmatische und metamorphe Gesteine auf, die denen des Festlands völlig gleichen. An diese Gesteine sind Erdöl-Erdgas-Lager, Schwefel- und Kohlenlager sowie Erzlagerstätten gebunden. Im Tiefseebereich konzentrieren sich dagegen basische und ultrabasische Magmatite und an sie gebundene Nickel-, Kobalt-, Chrom- und Platinvorkommen.

Die Gewinnung von Mineralrohstoffen im Schelfgebiet begann vor 40 Jahren. Im Jahre 1967 wurden im Weltmaßstab 16% an Erdöl und 6% an Erdgas aus derartigen Lagerstätten gewonnen. Sechzig Staaten führen geologische und geophysikalische Untersuchungen auf Erdöl und Erdgas in Schelfgebieten durch. Zwanzig Länder bohren im Meer und haben eine entsprechende Erdölförderung. Allein im Golf von Mexiko sind über 220 Lagerstätten bekannt, die bereits eine Gesamtausbeute von über sieben Milliarden Dollar erbracht haben. Schnell wächst auch die Bohrtechnik. Im Jahre 1968 begannen von ozeanographischen Schiffen aus Bohrungen, die bei einer Wassertiefe bis zu 5000 m ca. 700 m in den Meeresuntergrund eindrangen.

Dennoch umfassen die Arbeiten auf dem Schelf nur 7% des Gesamtschelfs aller Kontinente. Die Untersuchungen am Kontinentalabhang sind gleich Null. In der Zukunft werden vor allem die potentiellen Erdölvorräte in tiefeingesenkten Sedimentationsbecken, die für den Schelf typisch sind, von erstrangigem Interesse sein. Entgegen ursprünglichen Meinungen zeigte sich auch, daß der Kontinentalabhang und sogar die obere Zone der Tiefsee für die Erdöl- und Erdgassuche beachtet werden müssen. Die Erkundung dieser Gebiete wird nach der Erforschung des Schelfs erfolgen, aber die ungefähren Vorräte müssen bereits im nächsten Jahrzehnt bekannt sein. Neben Erdöl und Erdgas sind auch die Lagerstätten von Manganknollen, Phosphoriten und andere Lagerstätten zu erwähnen, für die ähnliches gilt.

Die gegenwärtigen Hauptaufgaben bei der Suche untermeerischer Erdöl- und Erdgasvorkommen sind auf die systematische regionale Untersuchung des Schelfs und des Kontinentalabhangs sowie auf die Abtrennung ökonomisch günstiger Lagerstätten gerichtet. Bei der Lösung dieser Aufgaben sind regionale geophysikalische Arbeiten und die Suche lokaler Strukturen von großer Wichtigkeit. Die regionalen geophysikalischen Arbeiten beinhalten eine aero- und hydromagnetische Aufnahme, gravimetrische Messungen und seismische Arbeiten. In den letzten Jahren wurde klar, daß auch seismologische Beobachtungen einbezogen werden müssen, d. h. Ausnutzung seismischer Wellen natürlicher Erdbeben und marine Modifikationen der Elektromagnetik. Besonders wird die große Rolle der Hydromagnetik mit Protonenmagnetometern hervorgehoben. Die Struktursuche wird durch geoakustische und seismische Methoden realisiert. Die Eindringtiefe der geoakustischen Methode wurde in den letzten Jahren auf einige hundert Meter und in günstigen Fällen sogar bis 1—2 km in den Meeresuntergrund erweitert. Deshalb wird die Suche zunächst mit der Geoakustik beginnen und später mit der Reflexionsseismik fortgeführt. Letztere hat eine große praktische Bedeutung, da nur mit der Seismik eine klare Vorstellung über die Struktur des Meeresuntergrunds bis zu einer Tiefe von 4—6 km zu erhalten ist.

Die Aufgaben der marinen geophysikalischen Arbeiten müssen auf den Tiefenbau der Erdkruste unter dem Meeresgrund, auf die tektonische Rayonierung und metallogenetische Einschätzung orientiert werden; dabei spielen die seismische Tiefensondierung, Gravimetrie und die Magnetik eine besondere Rolle. Die bis jetzt durchgeführten Untersuchungen trugen nach dem Autor nur planetaren Charakter und waren zur Lösung regionalgeologischer Fragen der Weltmeere ungenügend, insbesondere, was die Lagerstättensuche betrifft.

Bei der Suche einzelner Lagerstätten am Meeresboden müssen die unterschiedlichen Bedingungen der Boden- und Untergrundsedimente berücksichtigt werden. Der geologische Bau des Meeresuntergrunds wird von einer langen geologischen Geschichte des entsprechenden Krustenabschnitts bestimmt. Deshalb können Angaben über die Tiefe des Meeresbodens, die Mächtigkeit seiner rezenten Sedimente, der Tiefenströme und der untermeerischen Schlammströme nur indirekte Hinweise über die Produktivität des Meeresuntergrunds geben. Allerdings spiegelt die Morphologie des Meeresbodens in gewissem Maße tektonische Bewegungen wider und gibt somit Hinweise auf den Tiefenbau der Kruste. Eine Schwierigkeit liegt jedoch darin, daß die auf dem Festland angewandten geologischen und geophysikalischen Methoden auf die maritimen Bedingungen transformiert werden müssen.

Anders sind der Aufbau und die Produktivität der Meeresböden beschaffen. Deren Ablagerungen entstanden durch die gleichen Vorgänge, die auch auf dem Festland wirken. Die Verbreitung der Sedimente des Meeresbodens wird vor allem durch die Tiefe des Meeresgrundes, sein Relief, die Entfernung und den Transport des vom Festland stammenden Verwitterungsschutts oder durch vulkanisches Material, dessen Umlagerungsmechanismus und Ausfällung am Meeresboden bestimmt. Eine Zonalität ist typisch, weshalb Tiefseesedimente von Küstensedimenten zu unterscheiden sind.

Die Ablagerung am Boden der Weltmeere verläuft langsam, und zwar mit einer Geschwindigkeit von 0,1 bis zu einigen Zentimetern in 1000 Jahren, obwohl auf der gesamten Oberfläche des Meeresbodens jährlich einige hundert Millionen Tonnen angehäuft werden. Die Quellen der ozeanischen Sedimente sind Flußalluvionen, Trümmer der Küstenabtragung, biogene und chemogene Sedimente. Der suspendierende und gelöste Feststoff wird durch Strömungen verteilt, wobei die Schwerminerale in der Küstenzone verbleiben und die leichteren Feststoffe in das offene Meer transportiert werden. Während der langsamen Absenkung des terrigenen Materials in abyssische Tiefen geht eine chemische und biologische Wechselwirkung vor sich. In kalten Wässern gelöste kalkige Substanzen fallen in warmen Wässern aus. Mangan unterliegt einer Konzentration und bildet Knollen. Mit organischen Substanzen angereicherte Sedimente können sich in erdöl-erdgas-führende Ablagerungen umwandeln. Aus diesen Tatsachen kann geschlußfolgert werden, daß ozeanologische Angaben über das Relief des Meeresbodens, über die Strömungen, den Salzgehalt und die Temperatur des Meerwassers wichtige Hinweise für die Prognose des Charakters und die Produktivität der Ablagerungen des Meeresgrunds geben können.

Zu den küstennahen Ablagerungen am Meeresboden gehören bekanntlich Seifenlagerstätten von Zink, Zinn, Gold, Platin, Titan, Zirkonium, Eisen, Chromit und Diamanten mit lokal und räumlich veränderlichen Konzentrationen. Die Seifenlagerstätten kommen im Schelfgebiet vor, obwohl ihr Auftreten am Kontinentalabhang nicht ausgeschlossen ist. Am verbreitetsten sind in den Ablagerungen der Meeresböden die chemogenen Sedimente, und zwar Phosphorite in der Schelfzone, am Kontinentalabhang und im abyssischen Raum sowie Manganknollen (vorwiegend im abyssischen Gebiet). Die größten Phosphoritlager werden in einer Wassertiefe von 40—400 m als Decken dichtgehäufter Knollen gefunden. Die Tiefseeablagerungen enthalten oft große Felder von Manganknollen, die aus Manganhydroxiden und geringen Gehalten an Kupfer, Nickel, Kobalt, Molybdän und anderen Metallen bestehen.

Außer den Lagerstätten am Meeresgrund und -untergrund sind viele in wirtschaftlicher Hinsicht interessante Elemente im Meerwasser gelöst. Aus Meerwasser werden in den Küstenzonen bereits heute Kochsalz, Magnesium, Brom und Trinkwasser gewonnen. Es ist eine Methode der Auslaugung des Urans aus dem Meerwasser bekannt, die ökonomisch mit der Gewinnung von Uranarmerzen auf dem Festland konkurrieren kann. Besonders von Interesse ist das Auftreten metallhaltiger, konzentrierter Solen am Boden des Roten Meeres, die Zink, Kupfer und andere wertvolle Komponenten enthalten. Diese Solen bilden wenig mobile Zonen und spiegeln deutlich eine Migration erzführender Lösungen aus der Kruste in die Hydrosphäre wider. Ihre Untersuchung und die Bearbeitung ähnlicher Solen können in der Zukunft eine große Bedeutung erlangen.

Alle erwähnten Besonderheiten der Lagerstätten am Meeresboden müssen bei der Planung und Methodik mariner geophysikalischer Untersuchungen beachtet werden.

Die Lagerstätten am Boden des Schelfs haben gegenwärtig nur bei geringen Tiefen ökonomische Bedeutung. Die Erkundung von Seifenlagerstätten wird rationeller werden, wenn die geophysikalischen Methoden verstärkt zum Einsatz gelangen. Ihre Untersuchung durch Entnahme von Bodenproben und entsprechende Laborarbeiten reicht heute nicht mehr aus. Durch eine qualitative Einschätzung der nutzbaren Komponenten in den Sedimenten mittels Radiometern, grobmaßstäblichen elektrometrischen und magnetometrischen Aufnahmen müssen deshalb die Schwierigkeiten und die Kosten der Sucharbeiten auf Seifenlagerstätten verringert werden.

Noch schwieriger ist die Gewinnung untermeerischer Phosphorite und Manganknollen. Die Phosphorite haben als Quelle von Phosphaten und z. T. seltenerdiger Elemente und Uran im Schelfgebiet besonders für diejenigen Länder eine große praktische Bedeutung, die diese Rohstoffe auf dem Festland nicht besitzen (z. B. Indien, Chile).

Die Phosphorite werden in Gebieten gebildet, wo kalte Tiefenwässer, die mit gelöstem Phosphat angereichert sind, in wärmere Wässer aufsteigen. In einer Wassertiefe von 100—500 m liegt die höchste Phosphatkonzentration (300—600 mg/m^3). Der Aufstieg der Tiefenwässer, die sauerstoffarm, dagegen an Fluor, Kalzium und kohlensaurem Gas reich sind, rufen in der Wasserschicht geringeren Druckes und höherer Temperaturen eine Ausfällung der Phosphorite hervor. Besonders günstig für die Bildung von Phosphoritlagern sind die westlichen Küstenbereiche der Kontinente in der Passatzone (südlich 40° westlicher Breite).

Gegenwärtig sind in allgemeinen Zügen die Gebiete des Aufstiegs ozeanischer Tiefenwässer durch ozeanographische Untersuchungen bekannt. Die ausführliche Untersuchung der Zirkulation der Meereswässer und ihrer physikalischen, chemischen und biologischen Prozesse hat für das Studium der Phosphoritlager große Bedeutung. Die Phosphorite, die am Tiefseeboden bis zu 2800 m Wassertiefe (größter Teil in einer Wassertiefe von weniger als 600 m) gefunden werden, treten in Form von Phosphoritgängen, Phosphatsand, granuliertem Phosphatschlamm und Phosphatschichten in tertiären Ablagerungen auf. Die Suche von Phosphoriterzen geschieht durch Ausbaggerung und submarine Photographie. Seit 1937 werden die Phosphoritlager an der kalifornischen Küste bearbeitet, die nach vorläufigen Schätzungen im Jahre 1967 50—100 Mill. t Vorräte haben, wobei die Gewinnung nur bis zu einer Wassertiefe von 100 m rentabel ist. Phosphoritlager werden im Atlantik gefunden, ferner östlich von Florida, an der westlichen und südöstlichen Küste von Südamerika, an der westlichen Küste Afrikas, längs Somalias, an den Küsten Japans und in anderen Gebieten. Zu den negativen Faktoren, die den ökonomischen Wert der marinen Phosphoritlager beeinträchtigen, gehört der gegenüber den festländischen Lagerstätten geringere Phosphatgehalt. Die stärkere kontinentale Anreicherung führt der Autor auf Verwitterung zurück. In einer Meerestiefe von 150 m und mehr erlöschen dagegen die Verwitterungsprozesse.

Ungeachtet der Schwierigkeiten bestehen bestimmte Perspektiven einer effektiven Verwendung von marinen Phosphoritlagern, wie das erwähnte Beispiel aus Kalifornien zeigt. Die festländischen Phosphaterze in den Zentralstaaten der USA sind um einiges teurer als die marinen Phosphaterze. Die Vervollkommnung der Erkundungsmethodik derartiger Lagerstätten und der technologischen Aufbereitungsprozesse wird in Zukunft gestatten, den Aufwand zur Ausbeute mariner Phosphoritlager zu verringern.

In der Tiefsee des Weltmeers verdienen die Knollen und Krusten von Manganerzen eine erhöhte Beachtung. Manganknollen am Meeresboden wurden erstmals in den Jahren 1872—1876 durch die Tiefsee-Expeditionen mit dem Forschungsschiff „Challenger" gefunden. Gegenwärtig sind im Weltmeer über 500 Fundstellen von Manganknollen bekannt. Sie befinden sich in Meerestiefen von weniger als 400 m. Die Hauptmenge an Manganknollen konzentriert sich jedoch in Tiefen von 800 bis 7000 m und mehr. Die Manganknollen in Wassertiefen von über 200 m sind manganarm, aber reich an Kupfer, Kobalt, Nickel und anderen Metallen. Die Manganknollen in relativ niedrigen Flachwassergebieten enthalten dagegen mehr Mangan und geringere Gehalte an anderen Metallen. Die Manganknollen haben die Form von Kugeln, Halbkugeln oder Sphäroiden; ihre Größe reicht von 1 bis 20 cm (im Durchschnitt 5 cm). Sehr selten treten Knollen mit einem Durchmesser bis zu 1 m auf. Die Knollen enthalten Manganhydroxide und Goethit, wobei Mangan und Eisen im Kristallgitter durch Natrium, Strontium, Kalzium, Kupfer, Kadmium, Kobalt, Nickel und Molybdän verdrängt werden können. Die Knollen kristallisieren oft um zufällige Kristallisationskeime (Basaltstücke, Faunenreste, Mikrometeoriten usw.). Der Chemismus und die physikalischen Eigenschaften der Knollen sind in weiten Grenzen veränderlich. Die Analyse von Manganknollen aus dem Stillen Ozean zeigte folgende Elementgehalte (in %): Mn 8,2—41,1; Fe 2,4—26,0; Co 0,01—2,3; Ni 0,1—2,0; Cu 0,03—1,6. Ungeachtet der geringeren Mangangehalte ozeanischer Knollen gegenüber den festländischen Vorkommen haben sie im Zusammenhang mit der möglichen komplexen Gewinnung aller in ihnen auftretenden Metalle zweifellos für die Industrie ein bevorzugtes Interesse. Die Bildung der Manganknollen und Krustenerze hängt anscheinend mit der Mangan- und Eisenfällung beim Eintritt von Flußwässern in die Ozeane zusammen. Die wäßrigen Mangan- und Eisenoxide werden an elektrisch geladenen Kolloidteilchen abgesetzt. Derartige Teilchen werden am Meeresboden ausgefällt, setzen sich an Gesteinsfragmenten ab und bilden Kondensationskeime. Das Vorhandensein natürlicher Strömungen ist eine zusätzliche Bedingung zur Bildung von Manganknollen, da sie die neutralen Sedimente durchspülen, die von Kolloidteilchen begleitet werden, und auf diese Weise die konstante elektrische Wechselwirkung zwischen dem Meeresboden und den metallischen Kolloidteilchen garantieren.

Der Absatz von Mangan erfolgt in Tiefseebereichen mit einer Geschwindigkeit von 0,01—1,0 mm in 1000 Jahren, und am Kontinentalabhang ist sie etwa 1000mal größer. So bildete sich an abgesunkenen Artilleriegeschossen aus der Zeit des zweiten Weltkriegs, die in einer Wassertiefe von über 200 m liegen, in ca. 20 Jahren eine Kruste von Eisen- und Manganhydroxiden von etwa 1,5 cm Stärke.

Die geographische Verbreitung der Manganknollen ist noch sehr ungenau und beruht auf einigen hundert Proben, die verschiedenen Gebieten des Weltmeers entstammen. Die Manganknollen sind besonders im Stillen Ozean sehr weit verbreitet. Sie werden in verschiedenen Gebieten und unterschiedlichen Meerestiefen gefunden (bei 100 m Tiefe im Schelfgebiet Japans, bei 7000 m Tiefe im Marianengraben). Es wird vermutet, daß am Boden des Stillen Ozeans etwa 1,5 Trillionen Tonnen Manganknollen auftreten, wobei die Vorräte jährlich um 10 Mill. t zunehmen. Großes Interesse verdienen die Manganknollen an den submarinen Bänken vor der japanischen Küste, die offensichtlich mit vulkanischen Zonen am Meeresboden in Beziehung stehen. Bei untermeerischen Bedingungen können nicht nur Manganlagerstätten gebildet werden, sondern auch Lagerstätten anderer Metalle. Im mittleren Teil des Stillen Ozeans enthalten die Manganknollen reichere Kobaltgehalte, andererseits sind sie im Zentralteil des südöstlichen Stillen Ozeans nickel- und kupferreich.

Im Atlantischen Ozean sind die Manganknollen im allgemeinen ärmer an Mangan und anderen Metallen. Jedoch treten nahe der Bermuda-Inseln Knollen mit Mangangehalten bis zu 44% auf. Im Indischen Ozean werden Manganknollen gefunden, die denjenigen des Stillen Ozeans gleichen.

Der industriellen Gewinnung der ozeanischen Manganknollen steht vorläufig noch die fehlende Aufbereitungstechnologie gegenüber. Liegen derartige Technologien vor, so daß Mangan auch aus Armerzen auf dem Festland gewonnen werden kann, dann wird die Zweckmäßigkeit der Verwendung ozeanischer Manganknollen völlig von der ökonomischen Effektivität dieser Gewinnung abhängen.

Viele autorisierte Experten sind der Meinung, daß bereits heute die Gewinnung von Kupfer, Nickel und Kobalt aus den Manganknollen rentabel ist. Deshalb ist schon jetzt die sorgfältige Untersuchung der Manganknollenfelder und aller damit zusammenhängenden Fragen von Wichtigkeit. Diese Aufgaben können vor allem mit Hilfe der Kerngeophysik, für die die entsprechende Methodik und Technik zu entwickeln ist, in Angriff genommen werden. Vielleicht kann auch die Elektroerkundung eingesetzt werden, obwohl hier noch wissenschaftliche Vorarbeiten geleistet werden müssen. Durch die Anwendung geophysikalischer Methoden sollen klare Vorstellungen über die einzelnen Felder und Anreicherungsbedingungen von Manganknollen gewonnen werden.

Die genaue Lage der Stationen und Profile der geophysikalischen Arbeiten im offenen Meer ist ein Problem, das unter den allgemeinen geophysikalischen

Fragen an erster Stelle rangiert. Eine sorgfältige Koordinatenbestimmung wird gegenwärtig durch die Anwendung der Radionavigation erreicht. Die Internationale Ozeanographische Kommission stellte im Jahre 1961 die Forderung, daß bei der Wiederholung unabhängiger Messungen die Position im Bereich von ± 0,25 Seemeilen liegen muß. In der Sowjetunion gibt das radiogeodätische System „Poiski“ in dieser Hinsicht die sorgfältigsten Ergebnisse. Das Problem der Koordinatenbestimmung im offenen Meer durch lokale Navigationssysteme ist nahezu geklärt. Am aussichtsreichsten erscheint eine Navigation durch Satelliten. Amerikanische Versuche, bei denen drei Satelliten verwendet wurden, zeigten, daß die Genauigkeit der Koordinatenbestimmung in den Grenzen von ± 160 m praktisch unabhängig von der Lage des Schiffes im Meer gewährleistet werden kann.

Unter diesen Bedingungen ist die Erfüllung zweier Erfordernisse notwendig, und zwar die komplexe Anwendung geophysikalischer Methoden und die Massierung ihrer Anwendung. Schließlich besteht eine spezifische Besonderheit der marinen geophysikalischen Methoden darin, daß sie von ozeanographischen Arbeiten über das Meeresbodenrelief, den Charakter der Bodenablagerungen, den Strömungen, Gezeiten und anderes begleitet werden müssen. Derartige Arbeiten sind zur Präzisierung der Lage notwendig, in der die Montage von Bohranlagen, die Verlegung untermeerischer Rohrleitungen und ähnliches erfolgen können.

Vom Autor wurden auch die politischen Aspekte der Lagerstättensuche im maritimen Bereich beleuchtet. Während hinsichtlich des Kontinentalschelfs bereits im Jahre 1958 eine internationale Übereinkunft getroffen wurde (Genfer Konvention über den Kontinentalschelf), fehlt sie für das Weltmeer. Die Fragen der Mineralrohstoffe des Weltmeers standen im Verlauf der Jahre 1967—1968 verstärkt vor der UNO und ihren Organen. Diese Fragen wurden von dem kleinen Inselstaat Malta gestellt und erhielten sehr große Resonanz, insbesondere bei den jungen Nationalstaaten. Die ersten Versuche eines entsprechenden Abkommens mißlangen, aber sie werden bis zur Erreichung eines allen Ländern gerecht werdenden Abkommens erneuert werden.

Die Untersuchung des Weltmeers in geologischer Hinsicht ist relativ neu. Die geophysikalischen Untersuchungen des Meeresgrunds und -untergrunds sind ihr wichtigster Bestandteil.

Permeabilitätsmessungen an Gesteinsproben niedriger Durchlässigkeit unter nachgebildetem Überlagerungsdruck

SIEGFRIED FÖRSTER & WERNER HAUENHERM, Freiberg (Sa.)

(Mitteilung der Sektion Geotechnik und Bergbau der Bergakademie Freiberg, Lehrgruppe Tiefbohrtechnik und Erdölgewinnung)

Problemstellung

Die Messung von Permeabilitäten an Gesteinsproben niedriger Durchlässigkeit im Labor stellt höhere Anforderungen an die Meßapparatur, da die nach dem DARCYschen Gesetz berechnete Permeabilität k im Bereich kleiner als etwa 1 md — ganz abgesehen von Veränderungen, die sich in Abhängigkeit von dem gewählten Strömungsmedium ergeben — nicht mehr als reine Gesteinskonstante aufgefaßt werden kann.

Bei kleineren Permeabilitäten treten sogenannte Gleiteffekte auf, die eine Korrektur des DARCYschen Gesetzes bzw. eine Erweiterung der üblichen Meßmethodik erfordern.

Das DARCYsche Gesetz gilt ebenso wie das HAGEN-POISSEUILLE-Gesetz nur für rein viskosen und laminaren Fluß, d. h., es tritt eine gewisse Haftung des fließenden Mediums an der Kapillar- bzw. Porenraumwand auf. Die Strömungsgeschwindigkeit nimmt von der Mitte der Kapillare nach der Kapillarwandung zu ab. Bezogen auf die Strömung von Gas bedeutet dies, daß nur so lange viskoser Fluß herrscht, wie die freie Weglänge der Moleküle im Verhältnis zum Kapillardurchmesser klein ist. Nähert sich die freie Weglänge der Moleküle dem Kapillardurchmesser, so wird die Haftung an der Kapillar- bzw. Porenraumwand immer mehr abgebaut; es kommt zu Gleitung an der Porenraumwand, die eine gegenüber der Gesteinskonstanten k höhere berechnete Permeabilität k' ergibt.

Ist der Porendurchmesser kleiner als die freie Weglänge der Gasmoleküle, so kommt es zu Erscheinungen der Diffusion, und das DARCYsche Gesetz verliert seine Gültigkeit. Die freie Weglänge ihrerseits ist neben den Gaskonstanten und der Temperatur vor allem vom Druck des Gases, das durch die Porenräume fließt, abhängig. Jene kann aus der inneren Reibung des Gases berechnet werden. WESTPHAL (1953) gibt an, daß sie bei einem Druck von 760 Torr in der Größenordnung von 0,1 μm liegt, bei einem Druck von 0,1 Torr rund 100 μm beträgt.

Durch Permeabilitätsmessungen bei erhöhtem Ein- und Ausgangsdruck ist es also möglich, die freie Weglänge der Moleküle zu verringern und damit Gleiteffekte auszuschalten. Diese Meßmethodik wird um so notwendiger, wenn Permeabilitätsbestimmungen unter nachgebildetem Überlagerungsdruck durchgeführt werden sollen, wodurch eine Kompression der Gesteinsprobe und damit eine Verringerung der Porenradien eintritt.

Eingang des Manuskripts in der Redaktion: 15. 3. 1971.

Wie allgemein bekannt, wurde die Erscheinung der Gleiteffekte von KLINKENBERG analytisch erfaßt und in der Beziehung

$$k' = k\left(1 + \frac{b}{p_m}\right) \quad (1)$$

dargestellt (KLINKENBERG-Effekt). Darin ist k die druckunabhängige, k' die druckabhängige Permeabilität, p_m der mittlere Druck des strömenden Gases und b der KLINKENBERG-Faktor, der für ein bestimmtes Gas und ein bestimmtes Gestein konstant ist.

Trägt man k' über $1/p_m$ in einem Koordinatensystem auf, so ergibt der Schnittpunkt der sich theoretisch einstellenden Geraden mit der Ordinate die druckunabhängige Permeabilität (Abb. 1).

Um den Anstieg der Geraden zu erhalten, sind Messungen bei verschiedenen Drücken notwendig. Je höher man dabei die Drücke wählen kann, desto mehr nähert man sich der druckunabhängigen Permeabilität.

Die Abweichungen von k können recht erheblich sein. DENECKE (1964) gibt für Proben unterhalb 1 md im Bereich $0{,}1 < 1/p_m < 1$ scheinbare Permeabilitäten an, die das Einfache bis Mehrfache der wahren Permeabilitäten ausmachen.

Die Ableitung der KLINKENBERG-Beziehungen ist aus der HAGEN-POISSEUILLE-Gleichung unter Einbeziehung eines Gleitterms möglich (vgl. v. ENGELHARDT 1960) und führt zu einer erweiterten DARCY-Gleichung in der Form

$$v = k \cdot \frac{p_m \cdot \Delta p}{\eta \cdot l \cdot p_1} + c\sqrt{\frac{T}{M}} \cdot \frac{\Delta p}{l \cdot p_A} \quad (2)$$

v — Strömungsgeschwindigkeit des Gases; bezogen auf Ausgangsdruck und Probenquerschnitt;
k — Permeabilität;
η — Viskosität des Gases;
l — Probenlänge;
p_A — ausgangsseitiger Druck;
p_m — mittlerer Druck;
Δp — Differenzdruck über der Probe;
c — Gleitkonstante;
T — absolute Temperatur;
M — Molgewicht.

Aus dieser Gleichung ist die Abweichung vom DARCYschen Gesetz mit abnehmendem Porendurchmesser ersichtlich.

Mit größer werdender freier Weglänge gegenüber dem Porendurchmesser kommt man in den Bereich der Diffusion. Der linke Term (DARCY-Gleichung) verliert seine

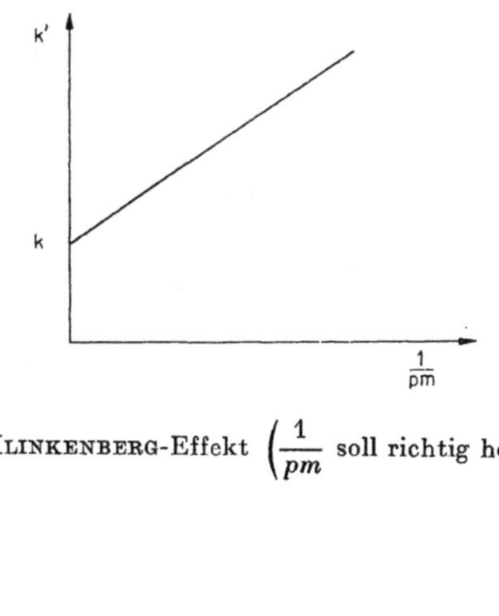

Abb. 1. KLINKENBERG-Effekt $\left(\frac{1}{pm}\right.$ soll richtig heißen: $\left.\frac{1}{p_m}\right)$

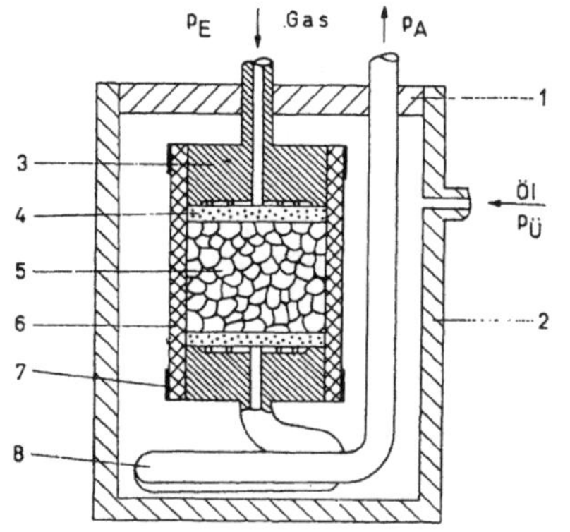

Abb. 2. Prinzip der Probeneinspannung
1 – Druckkammerdeckel; 2 – Druckkammer; 3 – Kopfstück; 4 – Filterscheibe; 5 – Probe; 6 – Manschette; 7 – Schlauchband; 8 – Kupferleitung

Bedeutung, da in diesem Bereich die Viskosität keinen Einfluß mehr auf die Fortbewegung der Gasmoleküle hat; der Einfluß von k wird mit abnehmendem Porenradius immer geringer, während c anwächst.

Eine weitere in der DARCY-Gleichung enthaltene Vereinfachung ist die Vernachlässigung der Trägheitskräfte und der Turbulenz.

Bei den mit nachstehend beschriebener Apparatur erreichbaren Meßwerten kann eine Molekularströmung nicht mehr ausgeschlossen werden. Der Einfluß wird jedoch durch Anwendung höherer Drücke (und in Abhängigkeit von der Geometrie der Porenräume) in den Bereich kleinerer Porenräume und damit kleinerer Permeabilitäten verschoben. Gleichzeitig kommt man durch Anwendung höherer Drücke den tatsächlich in der Praxis angetroffenen Bedingungen näher.

Beschreibung der Meßapparatur

Sie besteht aus einer Druckkammer mit Halterung für die Einspannung der Probe und aus dem meßtechnischen Teil. Der Ein- und Ausgangsdruck kann zwischen 65 und 0 kp/cm² Überdruck variiert werden.

Druckkammer

Das Prinzip der in der Druckkammer angewandten Probeneinspannung zeigt Abb. 2. Es wurde in ähnlicher Weise von FATT (1953) und DENECKE (1964) angewandt. Bei dieser Art der Einspannung wird die Probe einem nahezu allseitig gleichen triaxialen Spannungszustand unterworfen, da die Kupferleitung im Inneren der Kammer so flexibel ist, daß sie einer axialen Kompression keinen nennenswerten Widerstand entgegensetzt. Der Spannungszustand kommt den In-situ-Verhältnissen, insbesondere bei Gesteinen mit einer POISSON-Zahl, die sich dem Wert 0,5 nähert, am nächsten, wenn es um die Nachbildung eines Überlagerungsdrucks geht. Der nachgebildete Überlagerungsdruck kann bei der gegenwärtig in Gebrauch befindlichen Druckkammer bis zu 350 kp/cm² betragen. Eine Erhöhung dieses Druckes ist prinzipiell möglich.

Der Durchmesser der Proben beträgt 43,5 mm, die Länge 35 mm.

Eine Gasmigration zwischen Probe und Manschette ist ab einem effektiven Überlagerungsdruck von 5 kp/cm² bei den gewählten Versuchsbedingungen mit Sicherheit auszuschließen, wie Untersuchungen an gasundurchlässigen Probenkörpern gezeigt haben.

Das gewählte Prinzip erlaubt, in der Druckkammer Proben unterschiedlicher Form und Größe zu untersuchen. Dadurch können beispielsweise auch Isotropieuntersuchungen an würfelförmigen Proben durchgeführt werden, indem man die Proben nacheinander in verschiedenen Richtungen durchströmen läßt.

Der Überlagerungsdruck $p_ü$ wird mittels Öldruck erzeugt. Um einen stets konstanten Öldruck aufrechtzuerhalten, ist in den Ölkreislauf ein Druckflüssigkeitsspeicher zwischengeschaltet, dessen Arbeitsweise auf der Pufferwirkung von komprimiertem Gas beruht.

Meßtechnischer Teil

Der Differenzdruck über der Probe wird mit einem Quecksilber-U-Rohr-Manometer gemessen. Abgestufte Feinmeßmanometer dienen zur Messung des Eingangsdrucks. Die Volumenstrommessung erfolgt über Seifenblasenströmungsmesser.

Bei Messungen mit ausgangsseitigem Überdruck wird dieser mit einem Nadelventil eingestellt und konstant gehalten. Zur Kontrolle eines konstanten Ausgangsdrucks dient ein 1-l-Druckbehälter mit zwischengeschaltetem Wasserdifferenzdruckmesser. Dieser Druckbehälter wird mit dem ausgangsseitig gewünschten Überdruck beaufschlagt. Jede Änderung des Druckes auf der Ausgangsseite (im mm-WS-Bereich) wird über den Wasserdifferenzdruckmesser angezeigt und kann mit Hilfe des Nadelventils korrigiert werden.

Das Meßprinzip setzt eine gute Thermostatisierung voraus. Deshalb ist die Apparatur mit Biotherm bzw. einem Wasserbad gegen Temperatureinflüsse isoliert.

Es sei darauf hingewiesen, daß der Wasserdifferenzdruckmesser und der nachgeschaltete 1-l-Druckbehälter zur Volumenstrombestimmung bei kleineren Volumenströmen benutzt werden können. Zwischen der vom Wasserdifferenzdruckmesser angezeigten Druckerhöhung und dem in die geschlossene Ausgangsseite zugeströmten

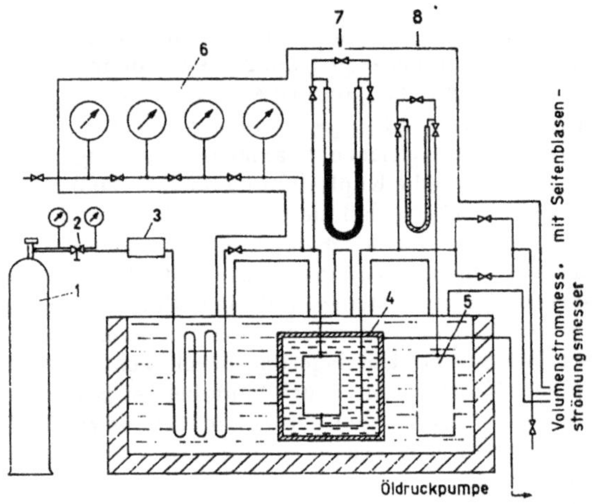

Abb. 3. Prinzipskizze des Gerätes PM I

1 – Druckgasflasche; 2 – Reduzierventil; 3 – Filter; 4 – Druckkammer mit Probe; 5 – Druckbehälter; 6 – Manometer verschiedener Meßbereiche; 7 – Quecksilber-U-Rohr-Manometer; 8 – Wasserdifferenzdruckmesser

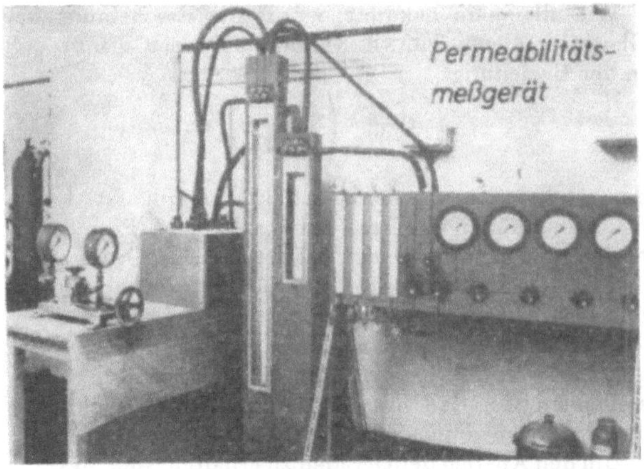

Abb. 4. Gesamtansicht des Permeabilitätsmeßgeräts

Gas besteht folgender Zusammenhang (HAUENHERM 1968):

$$V_G = \left[\left(1 + \frac{V_A}{V_B}\right) \cdot \frac{A}{2\gamma} + \frac{V_A}{p_A}\right] \Delta p_w \qquad (3)$$

V_G — zugeströmtes Gasvolumen bei p_A, in cm^3;
Δp_w — angezeigte Druckerhöhung am Wasserdifferenzdruckmesser, in cm WS;
V_A — Volumen der Ausgangsseite, in dm^3;
V_B — Volumen des Behälters und der Zuleitung, in dm^3;
A — innerer Kapillarenquerschnitt des Differenzdruckmessers, in cm^2;
γ — Wichte der Flüssigkeit im Differenzdruckmesser, in kp/dm^3;
p_A — Absolutdruck ausgangsseitig, in kp/cm^2.

Die Genauigkeit dieser Meßmethodik ist nicht höher als bei der Messung mit Seifenblasenströmungsmesser. Da sie jedoch die Volumenstrombestimmung bei dem erhöhten Ausgangsdruck vornimmt, entfallen, insbesondere bei hohem Ausgangsdruck, Drosseleffekte.

Die Meßanlage wird im Prinzip in Abb. 3 gezeigt. Eine Gesamtansicht vermittelt Abb. 4. Die Meßapparatur ist für Gas als Strömungsmedium ausgelegt. Mittels einer vorgeschalteten Vorlage kann auch eine Flüssigkeit benutzt werden.

Meß- und Fehlerbereich

Mit dem zur Volumenstrommessung benutzten Seifenblasenströmungsmesser läßt sich unter Beachtung der Temperaturkonstanz noch ein Volumenstrom von 0,1 cm^3 in 500 s, d. h. 0,0002 cm^3/s, mit einem Fehler von 100% messen. Unabhängig vom Volumenstrom ergibt sich aus der Druckmessung mit Feinmeßmanometer, Maßhaltigkeit der Probe und einer genäherten Korrektur des realen Gasverhaltens ein Fehler von 3%. Der Gerätefehler des kalibrierten Seifenblasenströmungsmessers wird mit 2% eingeschätzt.

Aus diesen Überlegungen ergibt sich für die Messung gegen Luftdruck folgende Fehlergleichung:

$$\sigma_0 = \left[0{,}05 + \frac{\dot{V}_{100\%}}{V_{gem}}\right] 100 \text{ in } \% \qquad (4)$$

σ_0 — prozentualer Fehler bei Messung gegen atm Luftdruck;
$\dot{V}_{100\%}$ — Volumenstrom, der mit einem Fehler von 100% behaftet ist (= 0,0002 cm^3/s);
V_{gem} — gemessener Volumenstrom in cm^3/s.

Bei Messung gegen erhöhten Ausgangsdruck ergibt sich ein weiterer Meßfehler, der durch die Konstanthaltung dieses Drucks mittels Nadelventils bedingt ist. Dieser Fehler ist von dem gemessenen, durch die Probe geströmten Volumen V_{gem} und dem Ausgangsdruck p_A abhängig und aus Gleichung (3) berechenbar.

Es ergibt sich für diese Messung folgende Fehlergleichung:

$$\sigma_{\ddot{u}} = \left[0{,}05 + \frac{\dot{V}_{100\%}}{V_{gem}} + \frac{(0{,}0195 + 0{,}0816/p_A) \cdot p_A}{V_{gem} \cdot p_0}\right] 100 \qquad (5)$$

$\sigma_{\ddot{u}}$ — prozentualer Fehler bei der Messung gegen erhöhten Ausgangsdruck

Bei der gewählten Probenabmessung ergeben sich die in den Abb. 5 und 6 dargestellten Permeabilitätsbereiche.

Will man keine größeren Fehler als 10% zulassen, so ist in Abhängigkeit von den gewählten Ein- bzw. Ausgangsdrücken folgende minimalste Permeabilität k_{min} noch meßbar:

Eingangsdruck p_E (absolut) in kp/cm²	Ausgangsdruck p_A (absolut) in kp/cm²	k_{min} in md
66,0	1,0	0,000008
2,3	1,0	0,0076
65,3	64,0	0,0032
11,3	10,0	0,0058
3,3	2,0	0,0090

Um den Einfluß des realen Gasverhaltens bei hohen Meßdrücken auf die Permeabilitätsbestimmung auszuschließen, wurde ausgehend vom DARCYschen Gesetz, der Kontinuitätsgleichung, dem BOYLE-MARIOTTEschen Gesetz und einer im Blatt für Normalkubikmetergewichte der technischen Gase, DIN 1871, angegebenen Korrekturgleichung für das reale Gasverhalten (RICHTER 1950) ein Korrekturfaktor f genähert abgebildet (HAUENHERM 1968):

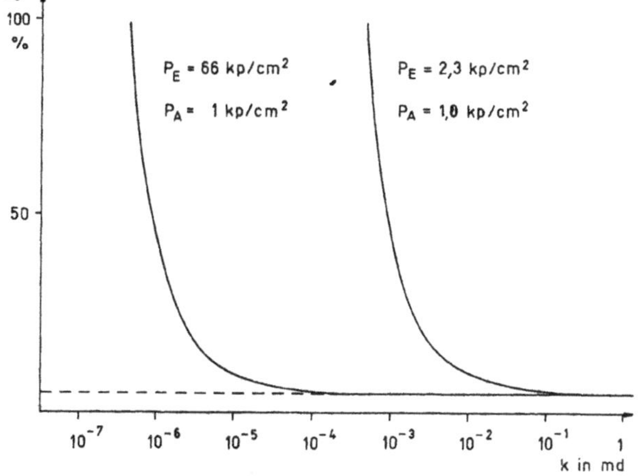

Abb. 5. Permeabilitätsmeßbereich in Abhängigkeit vom Meßfehler bei Messung gegen atm Luftdruck

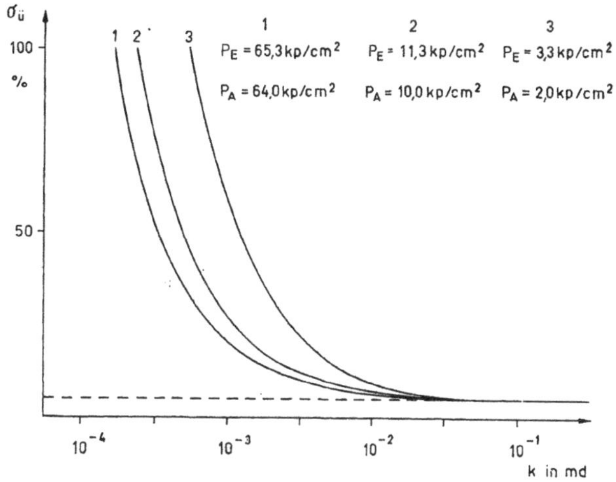

Abb. 6. Permeabilitätsmeßbereich in Abhängigkeit vom Meßfehler bei Messung gegen erhöhten Ausgangsdruck

$$f = \frac{1 - x_0 p_A}{1 - \frac{2}{3} \cdot x_0 \cdot \frac{p_E^3 - p_A^3}{p_E^2 - p_A^2}} \qquad (6)$$

x_0 — Konstante nach DIN 1871 (x_0 beträgt für Luft bei Raumtemperatur $0{,}80 \cdot 10^{-6}$.)

Mit diesem Faktor muß die unter der Voraussetzung des idealen Gasverhaltens berechnete Permeabilität (k_{ideal}) korrigiert werden:

$$k = f \cdot k_{ideal} \qquad (7)$$

Der ohne Korrektur gemachte Fehler würde sich bei $p_E = 66$ kp/cm², $p_A = 1$ kp/cm² zu 2,6% ergeben. Bei $p_E = 20$ kp/cm², $p_A = 1$ kp/cm² beträgt die Abweichung bereits nur noch 0,8%.

Eine weitere Fehlermöglichkeit bei Permeabilitätsmessungen mit hohen Drücken ist die Druckabhängigkeit der Viskosität. Diese Erscheinung wurde von GEBHARDT für verschiedene Gase untersucht. So steigt bei Luft die Viskosität nahezu linear um 6% bei einer Druckerhöhung von 1 auf 66 kp/cm². Durch die Berücksichtigung des Korrekturfaktors f und der GEBHARDTschen Ergebnisse konnte der maximale Meßfehler infolge des realen Gasverhaltens und der druckabhängigen Viskosität von 8,6% auf 1% gesenkt werden. Der verbleibende Fehler von maximal 1% ergibt sich aus den nur näherungsweise erfolgten Korrekturen.

Zusammenfassung

Ausgehend von den Anforderungen, die bei der Messung der absoluten Permeabilität an Gesteinsproben niedriger Durchlässigkeit gestellt werden, wird eine Meßapparatur beschrieben, die diesen Anforderungen entspricht und die Nachbildung eines Überlagerungsdrucks gestattet. Der mögliche Meßbereich und die auftretenden Fehler werden ermittelt. Das Gerät ermöglicht Permeabilitätsmessungen bis zu 10^{-5} md.

Резюме

Исходя из требований которые ставятся при замерах абсолютной проницаемости на образцхх пород низкой лроницаемости, описывается аппаратура, которая соответсвует этим требованиям и позволяет моделирование наложенного давления. Определяются возможный диапазон замеров и возможные ошибки. Прибор позволяет определение проницаемости с точностью до 10^{-5} мд.

Summary

On the basis of requirements for measuring the absolute permeability of low-perviousness rock samples an apparatus satisfying these demands and permitting to simulate the overburden pressure is described. The possible measuring range and the errors presenting themselves are determined. The apparatus enables permeability measurements up to 10^{-5} md to be made.

Literatur

DENECKE, A.: Gesteinsphysikalische Untersuchungen und Bewertung von Speichergesteinen geringer Porosität und Permeabilität. – Erdöl-Erdgas-Z., Wien – Hamburg, 82, 5, S. 171 (1964).

ENGELHARDT, W. v.: Der Porenraum der Sedimente. – Springer-Verlag, Berlin – Göttingen – Heidelberg 1960.

FATT, J.: The effect of overburden pressure on relative permeability. – Transactions AIME, 198, 325–326, Dallas (Tex.) 1953.

GEBHARDT, F.: Über Viskositätsmessungen an Gasen und Dämpfen im Hochdruckgebiet und bei höheren Temperaturen. – Diss. Techn. Hochsch. Aachen.

HAUENHERM, W.: Die Bestimmung der absoluten Durchlässigkeit in Abhängigkeit vom Überlagerungsdruck und die Porosität an Gesteinen niedriger Permeabilität (insbesondere Salzgesteine). – Studienarb. Bergakad. Freiberg, ehem. Lehrstuhl für Tiefbohrtechnik und Erdölgewinnung, Freiberg 1968.

RICHTER, H.: Leitfaden der technischen Wärmelehre. – Springer-Verlag, Berlin – Göttingen – Heidelberg 1950.

WESTPHAL, W. H.: Physik. – Springer-Verlag, Berlin – Göttingen – Heidelberg 1953.

Die Erdöl- und Erdgashöffigkeit des subsalinaren Paläozoikums und die Richtung für Such- und Erkundungsarbeiten im Zentralteil des Nordrands und der Einfassung der Kaspi-Senke

K. Ch. BAKIROW, B. N. CHACHAJEW, M. A. TSCHIMBULATOW, E. I. IWANOW & K. A. LI

Die Entdeckung der sehr großen Orenburger Gas- und Kondensatlagerstätte in den oberen Teilen des subsalinaren paläozoischen Profils erhöht die Höffigkeit der Randzonen und der Einfassungen der Kaspi-Senke ganz wesentlich.

Der Zentralteil der Nordrandzone der Senke ist westlich der Orenburger Lagerstätte gelegen. Nördlich des Breitengrads der Stadt Uralsk liegen die subsalinaren Ablagerungen in für Suchbohrungen erreichbaren Teufen. Durch die von der Aktjubinsker Filiale des Westkasachstanischen geologischen Erkundungsinstitutes (Sapkas NIGRI) und der verstärkten territorialen Ural-Erdölerkundungsexpedition des Trustes „Kasachstanische Erdöl- und Erdgaserkundung" (Kasneftegasraswedka) durchgeführten Untersuchungen wurden folgende Besonderheiten der geologischen Struktur dieses Territoriums aufgedeckt, die es ermöglichen, die Einschätzung ihrer Erdöl- und Erdgashöffigkeit zu verbessern und eine neue Richtung für Such- und Erkundungsarbeiten festzulegen.

Südlich von der Tokarewskoje-Regionalstörung in der Nähe des Randes der Kaspi-Senke wurden zwei große wallförmige Strukturen, die von Teplowka und von Derkul, die sich über etwa 100 km erstrecken, ermittelt. Offensichtlich setzen sie sich auch über den Rahmen des untersuchten Territoriums hinaus fort (Abb. 1). Nach den Angaben der Rx-Profile XX und XXII sind die Wälle in der Nähe von Störungen des kristallinen Fundaments der Tafel (Abb. 2) gelegen und gehören folglich zu einer für die Russische Tafel typischen Form von linearen Bruchstörungen. Morphologisch sind die Wälle im Relief der Oberkante des Fundaments und in beinahe allen stratigraphischen Horizonten der sedimentären Schichtenfolge entwickelt, das heißt, sie sind durchgehend. Die Mächtigkeitsverringerung einiger sedimentärer Ablagerungskomplexe zu den Achsenteilen der Wälle hin ist ein Merkmal für eine alte Anlage und eine lang andauernde Entwicklung. Auf den Wällen sind in den subsalinaren paläozoischen Ablagerungen lokale Strukturen vom brachyantiklinalen Typ entwickelt. Die früher hier ausgeschiedenen Anschlußstrukturen und strukturellen Abschirmungen (SOKOLOW 1965), die sich an die reflexionslosen Zonen (BUTKOWSKIJ, GINODMAN & KOSHEWNIKOW 1965) anschließen, sind in Wirklichkeit auf verschiedenen Seiten der erwähnten reflexionslosen Bereiche befindliche Teile brachyantiklinaler Komplikationen der Wälle. Die Hauptursache für das Fehlen von Reflexionen in den achsennahen Teilen der Wälle sind die ungünstigen seismologischen Bedingungen bei der Durchführung der Arbeiten, die hier durch die unebene und ungleichmäßige Oberfläche des Hangenden der salzführenden Ablagerungen des Kungurs auf den Salzketten und -stöcken geschaffen werden (B. I. BESPJATOW, W. A. WASILEW, I. W. TSCHERKASOWA u. a. 1964). Die ihrer Bedeutung nach zweite Ursache ist die mögliche Entwicklung von Bruchstörungen an einzelnen Abschnitten der Wälle. Der subsalinare Komplex des Perms und Karbons ist hier durch zwei Bohrungen an der Südflanke des Teplowka-Walles, auf den Strukturen Teplowka und Usowskaja, erschlossen worden.

Seiner geologischen Struktur nach besitzt der Teplowka-Wall Ähnlichkeit mit dem durch Bohrungen gut untersuchten Bolschekinelskoje-Wall, der bekanntlich eine bedeutende Erdöl- und Erdgasführung in vielen Profilbereichen des Perms, Karbons und Devons aufweist. Genauso wie der Orenburger Wall gehört auch der zu betrachtende Teplowka-Wall zur linearen Form von Tafelstörungen. Er besitzt mit ihm die gleichen großen Ausmaße und eine etwa ostwestliche Orientierung. Er befindet sich in der gleichen Nordrandzone der Kaspi-Senke.

Aus: „Geologija nefti i gasa", Heft 7, S. 9–15, Moskau 1970.
Übers. und wissenschaftliche Bearbeitung: Dr. WILFRIED PAECH, ZGI, Berlin.

Nördlich der Tokarewskoje-Störung, im Südteil der Busuluk-Senke (s. Abb. 1), ist der Karpowskaja-Strukturvorsprung, auf dem fünf Tiefbohrungen niedergebracht worden sind, am besten untersucht worden. Durch die erwähnten Untersuchungen wurde hier im subsalinaren Paläozoikum eine breite Entwicklung von lithologischen Fallen mit einem Auskeilen der Schichten festgestellt, die infolge einer Verdrängung der Speichergesteine durch dichte Gesteine mit abnehmender Lagerungstiefe der Schichten am Faltenflügel und in der Richtung des Ansteigens des Strukturnasenscheitels gebildet wurden. Die Fallen sind an die in diesem Profil vorherrschenden karbonatischen Gesteine gebunden. Mit ihnen hängen hier zahlreiche direkte Anzeichen für eine Erdöl- und Erdgasführung der Ablagerungen in vielen Profilbereichen zusammen. Man vermutet analoge Auskeilungsfallen auch in anderen innerhalb der Busuluk-Senke stark entwickelten Halbantiklinalen (Strukturnasen). Ferner wird eine Entwicklung von Auskeilungsfallen in den terrigenen devonischen und in den wahrscheinlich hier verbreiteten prädevonischen Ablagerungen in Bereichen mit einer Verringerung ihrer Mächtigkeit sowie im Bobrikowskij-, im Tula-, im Aleksin- und im Wereja-Horizont angenommen. Weniger entwickelt sind die Fallen, die von Bruchstörungen abgeschirmt werden, sowie Fallen einer antiklinalen Umbiegung, welche an die selten vorkommenden Brachyantiklinalen gebunden sind (K. Ch. Bakirow, D. Z. Walejew, A. W. Jakowlew 1968).

Auf der Grundlage von Angaben über die Bearbeitung aus durch Bohrungen erschlossenen Profilen subsalinarer (Präkungur-) Ablagerungen bis zur Unterkante des Karbons ist festgestellt worden, daß dieser Komplex analog den Ablagerungen ist, die im Bereich der nördlichen Einfassung der Kaspi-Senke auf dem Territorium der industriell erdölführenden Gebiete von Orenburg, Kuibyschew und Saratow entwickelt sind. Die vorhandenen Unterschiede bestehen hier in einer Mächtigkeitszunahme sowie einer Erhöhung des Sulfatgehalts einer Reihe von Horizonten, in einer Veränderung des Dolomitisierungsgrades der Sedimente und in einigen anderen Besonderheiten. Die oberen Horizonte des karbonatischen Devons wurden durch die Bohrung Schtschutschkinskaja G—1 erschlossen; ältere Komplexe sind nicht erbohrt worden.

In dem zu betrachtenden Profil der subsalinaren Ablagerungen, in den hier vorherrschenden karbonatischen Gesteinen, sind verschiedenartige Typen von in der Hauptsache gemischten Speichern mit einer unterschiedlichen Verbindung von Mikroklüften, Stylolithen, Poren und Kavernen entwickelt. Die Größe der Kavernen ändert sich innerhalb weiter Grenzen und erreicht an einzelnen Stellen 10 mm, dabei auch in großen Teufen, ungefähr bei 4000 m (Bohrung Schtschutschinskaja G—1). Die Permeabilität dieser Speichergesteine, wie sie unter Förderbedingungen in den getesteten Horizonten (Gebiet Karpowskaja) gemessen wurde, ändert sich innerhalb weiter Grenzen — von 4 bis 240 md. Die Beobachtungen an katastrophalen Verlusten an Spülung und Abdichtungsgemischen geben Veranlassung zu der Annahme, daß die Durchlässigkeit einiger anderer Horizonte hier sehr hoch sein und Werte von 1 d und mehr erreichen kann.

Das Verhältnis der Schichtdrücke zu den hydrosta-

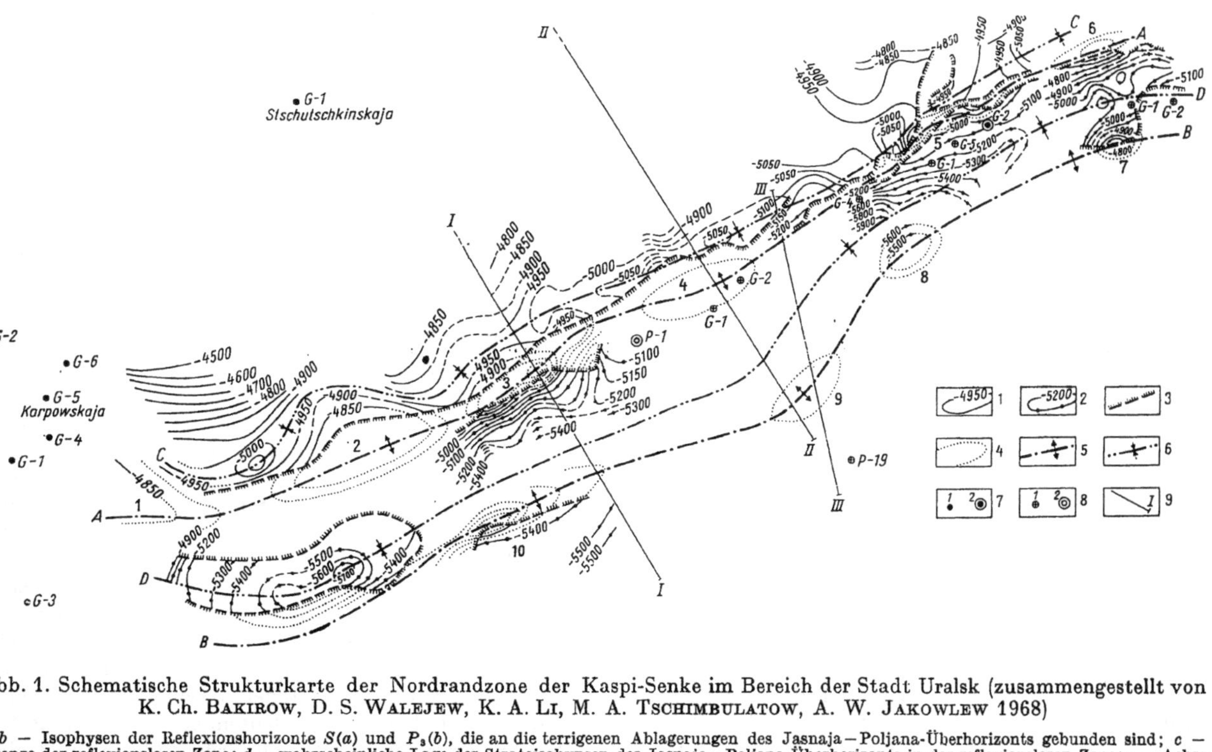

Abb. 1. Schematische Strukturkarte der Nordrandzone der Kaspi-Senke im Bereich der Stadt Uralsk (zusammengestellt von K. Ch. Bakirow, D. S. Walejew, K. A. Li, M. A. Tschimbulatow, A. W. Jakowlew 1968)

a, b — Isophysen der Reflexionshorizonte *S(a)* und $P_3(b)$, die an die terrigenen Ablagerungen des Jasnaja—Poljana-Überhorizonts gebunden sind; *c* — Grenze der reflexionslosen Zone; *d* — wahrscheinliche Lage der Stratoisohypsen des Jasnaja—Poljana-Überhorizonts in der reflexionslosen Zone; *e* — Achse des Teplowka-(*A*) und des Derkul-(*B*)Walles; *f* — Achse der Nördlichen (*C*) und der Zentralen (*D*) Synklinalzone; *g* — Bohrungen, die das präkungurische Paläozoikum erreicht haben: 1 — Bohrung eingestellt, 2 — in Abteufung befindlich; *h* — Tiefbohrungen, die das subsalinare Paläozoikum nicht erschlossen haben: 1 — Bohrung eingestellt, 2 — in Abteufung befindlich; *i* — Linien der geologisch-geophysikalischen Profile. Strukturen: 1 — Cyganowskaja, 2 — Gremjatschinskaja, 3 — West-Teplowka, 4 — Teplowka, 5 — Usowskaja, 6 — Pawlowskaja, 7 — Petrowskaja, Rubeshanskaja, 8 — Tschuvaschkinskaja, 10 — Tschernojarowskaja

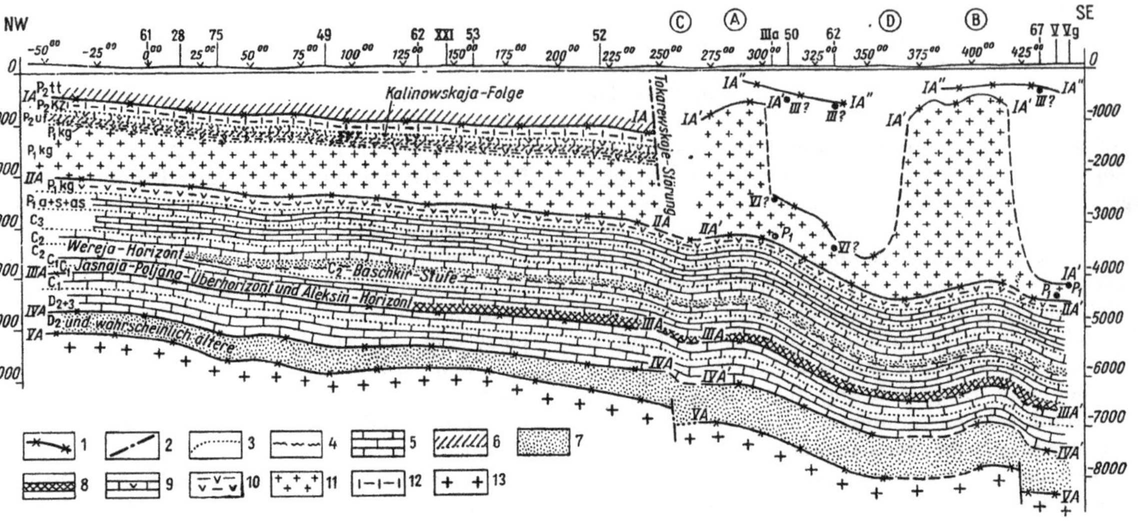

Abb. 2. Geologisch-geophysikalisches Profil II—II nach der Linie des seismischen Rx-Profiles XXII (1965) (zusammengestellt von K. Ch. Bakirow, D. S. Walejew 1968)

1 – seismische Horizonte nach Rx (Angaben des NV NIIGG SNIGE – W. N. Rogoshin, P. A. Gudkow, W. S. Kozlow 1966); 2 – vermutete Bruchstörungen; 3 – geologische Grenzen; 4 – Grenzen regionaler stratigraphischer Diskordanzen (an der Basis des Wereja-Horizonts und des Jasnaja-Poljana-Überhorizonts); vorherrschende Gesteinszusammensetzung: 5 – karbonatisch, 6 – tonig, 7 – sandig-tonig, mit Lagen von Karbonaten, 8 – Wechsellagerung terrigener und karbonatischer Gesteine, 9 – sulfatisch-karbonatisch, 10 – sulfatisch, 11 – Steinsalz, 12 – veränderlich karbonatisch-sulfatisch, 13 – kristallines Fundament; A – Teplowka-Wall, B – Derkull-Wall, C – Nördliche Synklinalzone, D – Zentrale Synklinalzone

Die lithologische Zusammensetzung der Ablagerungen und die Stratifizierung der seismischen Horizonte wurden nach den Angaben der Bohrung Schtschutschinskaja G—1 präzisiert (AOIGiG 1967)

tischen Drücken, das nach den Ergebnissen der Teste und den Beobachtungen am Eindringen von Spülflüssigkeiten beim Bohren festgestellt wird, ändert sich hier gewöhnlich in den Grenzen von 1,03—1,14 und erreicht mitunter 1,18. Eine solche Schwankungsbreite ist für das präkungurische Paläozoikum der Wolga-Ural-Erdöl-Erdgas-Provinz üblich.

Bei den niedergebrachten Bohrungen wurden nach der Durchtränkung mit Erdöl und nach dem Erdölgeruch in den Kernen, nach dem Aufleuchten der Gesteine im Luminoskop, nach Anzeichen von Erdöl und Erdgas beim Bohren, nach dem Bitumengehalt in Schliffen und nach den Daten der Gaskarottage zahlreiche direkte Anzeichen für eine Erdöl-Erdgas-Führung der Ablagerungen in einem großen stratigraphischen Bereich festgestellt: In den oberen Horizonten der Ablagerungen des Devons und in den Bildungen des Tournai gibt es Gasanzeichen in der Bohrung Schtschutschinskaja G—1; im Bobrikowskij-, Tula- und Aleksin-Horizont gibt es Erdölanzeichen in der Bohrung Karpowskaja G—2; in den Ablagerungen der Baschkir-Stufe gibt es Ölfilme und ölgesättigtes Kernmaterial in der Bohrung Tschinarewskaja P—2; im Wereja-Horizont sind Gasanzeichen in den Bohrungen Schtschutschinskaja G—1 und Karpowskaja G—2 sowie Erdölanzeichen in der Bohrung Tschinarewskaja P—2 vorhanden; in den Ablagerungen des Podolischen und des Mjatschkovo-Horizontes und der Gshel-Stufe gibt es reichliche Anzeichen für Erdöl in der Bohrung Karpowskaja G—6; in den präkungurischen Ablagerungen des Unterperms und in den liegenden Teilen der Kungur-Stufe sind Anzeichen für eine Erdöl- und Erdgasführung in den Bohrungen Karpowskaja G—1, G—4, G—5, G—6 und in der Tschinarewskaja-Bohrung P—2 festgestellt worden. Auf dem Teplowka-Wall wurden aus den subsalinaren paläozoischen Ablagerungen beim Niederbringen der Bohrung Teplowka P—1 Gasanzeichen registriert. Die letztere wird hier nicht unter den besten strukturellen Bedingungen niedergebracht (s. Abb. 1).

Somit wurden unmittelbare Anzeichen für eine Erdöl- und Erdgasführung unterschiedlicher Intensität in verschiedenen Bereichen des betrachteten Territoriums in den verschiedenen Profilteilen und in allen Bohrungen beobachtet, die den präkungurischen Sedimentationskomplex des Paläozoikums erschlossen haben. Das beim Test des Tula-Horizonts erhaltene Erdöl (Bohrung Karpowskaja G—2) enthält geringe Mengen an Schwefel (0,07%) und Paraffin (2,45%) und besitzt eine niedrige Viskosität (2,2 g/cm s bei 20°C).

Die Höffigkeit des subsalinaren Komplexes auf dem betrachteten Territorium bezeugen ferner: die bedeutende Mächtigkeit des Komplexes (3—4,5 km), das Vorhandensein von undurchlässigen tonigen Abdeckungen, dichten Karbonatgesteinen, Anhydriten und stark anhydritisierten karbonatischen Sedimenten sowie der mächtigen salzführenden Schichtenfolge des Kungurs; die kalzium-chloridische Zusammensetzung der Tiefenwässer, welche auf eine hydrogeologische Abgeschlossenheit des Territoriums und auf ein stagnierendes Regime hinweist, die für die Erhaltung von Kohlenwasserstofflagerstätten günstig sind.

Auf die große Erdöl- und Erdgashöffigkeit des Territoriums weisen hin: das hohe Alter der Anlage der ausgeschiedenen Wälle und ihre lang andauernde Entwicklungszeit; ihre Zugehörigkeit zu den „durchgehenden" Strukturen, mit denen in anderen Teilen der Russischen Tafel gewöhnlich ein bedeutender stratigraphischer Bereich mit einer Erdöl- und Erdgasführung und eine große Anzahl produktiver Horizonte verbunden sind; die beträchtliche Erstreckung der Wälle und das Vorhandensein von lokalen Strukturen auf ihnen; die vorhandenen Züge einer Analogie in der Struktur der ausgegliederten Wälle mit anderen linearen Tafelstörungen mit einer festgestellten bedeutenden industriellen Erdöl- und Erdgasführung; das hohe Alter der Anlage und die lange Entwicklungszeit der Busuluk-Senke sowie allem Anschein nach auch der in ihren Grenzen entwickelten Strukturnasen; der große stratigraphische Umfang einer Entwicklung von lithologischen Fallen mit einem Auskeilen der Schichten auf den Strukturnasen und der mit ihnen verbundenen zahlreichen direkten Anzeichen für die Erdöl- und Erdgasführung der Ablagerungen, was hier durch das hohe Alter und die lange Entwicklungszeit dieser Strukturen bedingt sein könnte (gewöhnlich große Ausmaße der erkannten Strukturnasen).

Der Kenntnisstand über das subsalinare Paläozoikum durch Erdölsuchbohrungen auf dem betrachteten Territorium ist gering. Der terrigene Komplex des Devons ist durch keine Bohrung aufgeschlossen worden, das Karbon und das präkungurische Perm aber sind lediglich durch neun Bohrungen mit einem Gesamtumfang von 8400 m erschlossen worden. Die Bohrungsdichte im subsalinaren Paläozoikum beträgt 0,9 m auf 1 km² des Territoriums. Ein Test auf Zufluß wurde lediglich in den beiden Bohrungen Karpowskaja G—2 und G—6 durchgeführt. Die Erschließung und das Testen der Horizonte in ihnen wurden ungenügend, ohne Berücksichtigung von Besonderheiten der Speichereigenschaften der Gesteine und der Schichtdrücke durchgeführt. Im Ergebnis wurden aus den Schichten insgesamt bis zu einigen hundert Litern Erdöl extrahiert.

Die vorstehend angeführten neuen Angaben erlauben es zu empfehlen, den Umfang der Erdölsucharbeiten hier zu vergrößern und sie auf die Suche nach Lagerstätten in den Fallen des antiklinalen Umbiegens des Teplowka- und Derkul-Walles, im Südteil der Busuluk-Senke aber auf die Suche nach Lagerstätten in den lithologischen Fallen mit einem Auskeilen von Schichten auf den Strukturnasen und nach möglichen Lagerstätten in den Fallen des antiklinalen Umbiegens auf den terrassenartigen Komplikationen der Halbantiklinalen zu orientieren.

Auf dem Teplowka-Wall sind sechs Falten vom brachyantiklinalen Typ festgestellt worden bzw. deuten sich nach unvollständigen Ergebnissen seismischer Erkundungsarbeiten an. Auf dem Derkul-Wall aber sind es vier derartige Falten. Außerdem gibt es offensichtlich lokale Hochlagen auf den schwach untersuchten Abschnitten der Wälle, insbesondere des Derkul-Walles und auf den vermuteten Fortsetzungen der Wälle über die Grenzen des Territoriums hinaus (s. Abb. 1, 2).

Im Südteil der Busuluk-Senke wurden im Wereja-Horizont des Mittelkarbons 11 Falten vom Typ der Strukturnasen festgestellt. Von ihnen ist die Karpowskaja-Strukturnase die größte, die in etwa ostwestlicher Richtung über eine Entfernung von ungefähr 100 km zu verfolgen ist. Fast alle Strukturnasen in den achsennahen Teilen werden durch Strukturterrassen kompliziert, die letzteren aber auf den Strukturnasen von Schtschutschinskaja, Tschinarewskaja und Koshewnikowskaja im Wereja-Horizont durch flache Brachyantiklinalen. Auf den Abschnitten einiger Terrassen, besonders derjenigen, die eine große Fläche einnehmen, ist die Möglichkeit nicht ausgeschlossen, daß bei weiteren Untersuchungen Strukturen von brachyantiklinalem Typ in den noch sehr wenig untersuchten Präwereja-Ablagerungen des Karbons und des Devons entdeckt werden.

Es wird empfohlen, in den nächsten zwei bis drei Jahren tiefe Suchbohrungen auf Erdöl und Erdgas in den subsalinaren Ablagerungen auf folgenden Strukturen und in nachstehenden Ablagerungskomplexen durchzuführen.

Auf dem Teplowka-Wall ist das Bohren auf den Strukturen Teplowka und Usowskaja sowie auf der West-Teplowka-Brachyantiklinale bis zur Erreichung der Unterkante der terrigen-karbonatischen Ablagerungen des Jasnaja—Poljana-Überhorizonts fortzusetzen. Die projektierten Teufen der Bohrungen betragen 5000 bis 5200 m. Auf dem Derkul-Wall ist die Struktur Tschuwashkinskaja, nachdem sie vorher durch seismische Erkundung vorbereitet worden ist, in das Tiefbohren einzubeziehen. Die projektierten Teufen der Bohrungen betragen bis zur Unterkante des Wereja-Horizonts 5700 m.

Im Südteil der Busuluk-Senke ist die Bohrtätigkeit auf den Strukturen Ost-Schtschutschinskaja und Tschinarewskaja fortzusetzen, auf der West-Schtschutschinskaja- und der Talowskaja-Struktur ist die Bohrtätigkeit aufzunehmen. Die Bohrtätigkeit auf der Struktur Karpowskaja ist wieder aufzunehmen. Die projektierten Teufen der Bohrungen belaufen sich bis zur Erreichung der Unterkante des Wereja-Horizonts auf 3700 bis 5000 m, auf den Strukturen Ost-Schtschutschinskaja und Tschinarewskaja aber bis zum Tournai und Mitteldevon.

Zur Untersuchung des gesamten Komplexes der subsalinaren paläozoischen Ablagerungen, einschließlich der hier überhaupt noch nicht untersuchten terrigenen devonischen und prädevonischen Ablagerungen, wird vorgeschlagen, drei Bohrungen zur Erreichung des kristallinen Fundamentes anzusetzen. Eine von ihnen, mit einer projektierten Teufe von 7000 m, ist auf dem Teplowka-Wall auf dem Scheitel der West-Teplowka-Brachyantiklinale niederzubringen, zwei Bohrungen mit projektierten Teufen von 5000 und 6000 m aber im Bereich der Busuluk-Senke, wobei sie an der Achse des Karpowskaja-Strukturvorsprunges anzusetzen sind. In der Richtung des Scharnieranstiegs des letzteren kommt es zu Veränderungen in der Zusammensetzung der subsalinaren Ablagerungen und wird eine bedeutende Mächtigkeitsabnahme der devonischen und prädevonischen Ablagerungen vermutet. Aus den angeführten Angaben ist zu ersehen, daß die höffigen Komplexe hier in großen Teufen liegen. Zur Feststellung von Erdöl- und Erdgaslagern in ihnen wird es erforderlich sein, tiefe und übertiefe Bohrungen niederzubringen. Zum gegenwärtigen Zeitpunkt sind durch den Trust Uralskneftegasraswedka Such- und Parameterbohrungen mit einer faktischen Teufe bis zu 4300 m und die Bohrung Aralsorskaja SG—1 mit einer Endteufe bei 6600 m niedergebracht worden; außerdem werden Bohrungen mit einer projektierten Teufe bis zu 5000 m abgeteuft.

Die Verwirklichung des vorgeschlagenen Planes für die Bohrtätigkeit wird es erlauben, viele Fragen des geologischen Baues und der Erdöl- und Erdgasführung der hochhöffigen unterpermischen und karbonischen Ablagerungen zu untersuchen sowie eine Reihe wichtiger Besonderheiten in der Zusammensetzung, im Bau und in der Erdöl- und Erdgasführung der devonischen und prädevonischen Sedimente zu klären und die Zusammensetzung der Gesteine des Fundaments und seine Tiefenlage an den entsprechenden Punkten des Territoriums zu bestimmen.

Literatur

BUTKOWSKIJ, Ju. M., A. G. GINODMAN & I. I. KOSHEWNIKOW: Neue Angaben über die Struktur der Nordrandzone der Kaspi-Senke im Gebiete der Stadt Uralsk. — Im Sammelband „Geologija i perspektiwy neftegasonosnosti nekotorych rajonow SSSR i woprosy podsemnogo chranenija gasa"; Arbeiten des Trustes Sojusburgas, Ausgabe 5, Verlag Nedra, Moskau 1965.

SCHPILMAN, I. A., & S. P. MAKSIMOW: Die Orenburger Gaskondensatlagerstätte. — Geologija nefti i gasa, Nr. 7, Moskau 1968.

SOKOLOW, W. A.: Über Richtung und Auswahl der Objekte für Such- und Erkundungsarbeiten auf Erdgas in der Randzone der Kaspi-Senke. — Im Sammelband „Bortowaja sona Prikaspijskoj wpadiny"; Arbeiten des NV NIIGG, Ausgabe 3, Saratow 1965.

Fehler bei der Präzisionsisotopenanalyse von Gasen mit dem Massenspektrometer M 86

KARL-PETER DOSTAL, Leipzig

Bei der für isotopengeochemische Untersuchungen unentbehrlichen Präzisionsisotopenanalyse gibt es eine Anzahl verschiedenartiger Fehlerquellen, deren genaue Kenntnis dazu beiträgt, die volkswirtschaftlich z. T. bedeutende Aussagekraft der Meßwerte zu erhöhen. Die vorliegende Arbeit nimmt Bezug auf den Artikel von S. 328 dieser Zeitschrift, in dem die Grundlagen und die verschiedenen Varianten des Meßverfahrens dargelegt sind.

1. Einführende Bemerkungen

Klassifikation der Fehler

Die Fehler bei physikalischen Messungen lassen sich in vier Gruppen einteilen:

1. Grobe Fehler entstehen infolge mangelhafter theoretischer Durchdringung des Meßproblems, falscher Handhabung und Unaufmerksamkeit.

2. Regelmäßige Fehler treten bei wiederholten Messungen desselben Meßobjekts an derselben Meßeinrichtung immer in gleicher Weise auf. Sie werden in konstante und systematische Fehler gegliedert. Von einem konstanten Fehler ist dann zu sprechen, wenn die absolute Abweichung des Meßergebnisses vom wahren Wert meßwertunabhängig ist. Im anderen Falle nennt man einen regelmäßigen Fehler systematisch.

3. Unregelmäßige Fehler zeigen sich darin, daß die Einzelmessungen um deren Mittelwert streuen.

4. Deutungsfehler liegen (nach BRADDICK 1959) dann vor, wenn der Meßablauf nicht mit den als gültig angenommenen theoretisch gestellten Bedingungen übereinstimmt.

Die aufgeführten Fehlergruppen sind nicht scharf voneinander zu trennen. Zum Beispiel kann ein systematischer Fehler bei Routineanalysen zu einem unregelmäßigen werden, zwischen regelmäßigen und Deutungsfehlern besteht keine allgemeine Grenze.

Zur Angabe des Meßfehlers

Es gibt verschiedene Möglichkeiten, die Güte einer Messung mathematisch zu formulieren. In der Literatur über Präzisionsisotopenanalysen sind die Fehlerangaben nicht hinreichend exakt; zumeist fehlt ein Hinweis auf die statistische Sicherheit. Deshalb sind Vergleiche schwierig.

Eine Güteziffer für das Meßverfahren ist die Standardabweichung σ, die bei endlich vielen Messungen nur geschätzt werden kann. Dazu ist zunächst der mittlere quadratische Fehler s zu bestimmen, in Abhängigkeit vom speziellen Problem nach verschiedenen Methoden. Es gilt für viele Messungen der gleichen Größe

$$s = \sqrt{\frac{\sum \varepsilon_i^2}{N-1}}$$

und für wenige Messungen der gleichen Größe

$$s = k(N) \cdot V$$

wobei ε hier die Abweichung des Meßwerts vom zugehörigen Mittelwert, N die Anzahl der Messungen, V die Varianzbreite (maximale Differenz der Meßwerte) und k einen Faktor bedeuten (s. z. B. ECKSCHLAGER 1965).

Wenn insgesamt N Messungen an g Proben vorliegen, bildet man zunächst innerhalb jeder der g Gruppen den Mittelwert, darauf die Abweichungen ε der einzelnen Meßwerte von ihrem zugehörigen Mittelwert und errechnet s aus

$$s = \sqrt{\frac{\sum_{1}^{N} \varepsilon_i^2}{N-g}} \tag{1}$$

Bei Doppelbestimmungen geht (1) in

$$s = \sqrt{\frac{\sum_{1}^{N/2} (x_i' - x_i'')^2}{N}} \tag{2}$$

über (x_i' und x_i'' sind die beiden Meßwerte für die i-te Probe). Diese Formeln sind ohne weiteres nur anwendbar, wenn sich die einzelnen Mittelwerte nicht sehr stark voneinander unterscheiden. Andernfalls muß man die Abweichung zunächst in relative Abweichungen umrechnen ($\varepsilon/\bar{x}$), ehe man die Quadratsumme bildet. Das Ergebnis ist die (mittlere) Varianz $s/\bar{x}$. Für die Präzisionsisotopenanalyse haben besonders die beiden letzten Beziehungen Bedeutung, da von einer chemischen Umarbeitung meist mehrere — gewöhnlich zwei — Proben gemessen werden. An dem mittleren quadratischen Fehler s ist noch der STUDENTsche t-Faktor $t(P, N)$ anzubringen, die statistische Sicherheit P ist ausdrücklich zu benennen. Man gibt dann den Mittelwert aus N_j Messungen in der Form

$$\bar{x} \pm \frac{t(P, N) \cdot s}{\sqrt{N_j}}$$

an. Der bei $\bar{x}$ stehende Fehler heißt „Vertrauenshalbbereich" (s. z. B. HULTZSCH).

Wie für die analytische Chemie, so ist es auch für die Isotopenanalyse zweckmäßig, eine statistische Sicherheit von 95% zu wählen. Dies entspricht etwa der 2σ-Grenze bei idealer Fehlerverteilung. Die Fehlerangabe ist dabei hinreichend sicher, ohne daß der Vertrauenshalbbereich zu groß ausfällt.

An Tab. 1 ist als Beispiel eine Fehlerberechnung (für Messungen ohne Kalibrierung, s. Heft 8, S. 332) ausgeführt. Von jeder der 15 Proben lagen 2 Bestimmungen, a und b, vor. Die Quadratsumme der Abweichungen beträgt $\{\sum\} = 0{,}0555$, der mittlere quadratische Fehler der Einzelmessung errechnet sich nach (2) zu $0{,}04‰$, und für den Vertrauenshalbbereich bei einer Doppelbestimmung erhält man

$$(\pm)\ \frac{t(95\%;\,30)}{\sqrt{2}} \cdot s = 0{,}09‰$$

Eingang des Manuskripts in der Redaktion: 2. 3. 1971

Tabelle 1

Probe Nr.	δ_a in ‰	δ_b in ‰	$\lvert\delta_a - \delta_b\rvert$ in ‰
1	4,47	4,49	0,02
2	4,35	4,35	0,00
3	5,22	5,12	0,10
4	0,88	0,85	0,03
5	2,30	2,38	0,08
6	2,43	2,40	0,03
7	3,00	3,03	0,03
8	1,08	1,05	0,03
9	2,57	2,59	0,02
10	2,75	2,61	0,14
11	2,56	2,55	0,01
12	2,73	2,66	0,07
13	2,26	2,20	0,06
14	2,60	2,67	0,07
15	2,54	2,50	0,04

Gruppen von Fehlerquellen bei der Präzisionsisotopenanalyse

Ihrer Herkunft nach lassen sich bei der Präzisionsisotopenanalyse verschiedenartige Fehlerursachen unterscheiden:

1) mangelhafte probenchemische Aufbereitung des Untersuchungsmaterials,

2) regelmäßige und unregelmäßige Fehler, die bei der massenspektrometrischen Messung auftreten,

3) Deutungsfehler (Berechnungs- und Korrekturfehler),

4) Meßwertverfälschungen, die durch die Leitprobe verursacht werden.

Die unter 1) gemeinten Probleme sind im wesentlichen folgende: falsche (nicht repräsentative) Auswahl bei der Probennahme, Verunreinigungen durch das zu untersuchende Element (z. B. sogen. „Fremdkohlenstoff" bei Isotopenanalysen am Kohlenstoff), andersartige, die Messung verfälschende Verunreinigungen, Isotopenaustauschprozesse und vor allem Isotopenfraktionierungen. Die probenchemischen Fehlerursachen sind ebenso wie die Verfahren zu ihrer Unterdrükkung für die verschiedenen Substanzen spezifisch. Dagegen haben die übrigen aufgeführten Fehlergruppen allgemeineren Charakter. Zu den Berechnungsfehlern sei hier nur bemerkt, daß die quadratischen Glieder in den Umrechnungsbeziehungen der Deltawerte nicht vernachlässigt werden dürfen. Die Problematik der mit den Leitproben zusammenhängenden Fehler ist bei DOSTAL (1970) aufgezeigt. Gegenstand dieser Arbeit sind die massenspektrometrischen Meßfehler.

2. Fehlerquellen beim Gaseinlaß

Glasfritten

Schon beim Einlassen des Meßgases kann sich die Isotopenverteilung ändern. Für gewöhnliche massenspektrometrische Untersuchungen mit der Einstrahlmethode werden gern Glasfritten im Einlaßsystem verwendet, um das Eindringen von festen Teilchen aus der Probe und von Glassplittern, die beim Zerstoßen der Proberöhrchen entstehen, zu vermeiden. Bei der Präzisionsanalyse macht sich der fraktionierende Effekt der Fritten deutlich bemerkbar. Das zeigt Abb. 1, in der auf der Abszisse das absichtlich variierte Zeitintervall vom Aufschlagen der Ampulle bis zum Schließen des Ventils zum Vorratsbehälter aufgetragen ist. Es wurde eine Fritte der Größe 2 verwendet, d. h. mit einer Korngröße von 40 bis 90 μm. Man müßte also etwa 7 Minuten warten, bevor das Gas zu beiden Seiten der Fritte die gleiche Isotopenzusammensetzung hat. Bei der Frittengröße 4 kann der Fehler bis zu 4‰ betragen, wenn die Einlaßzeit kurz ist.

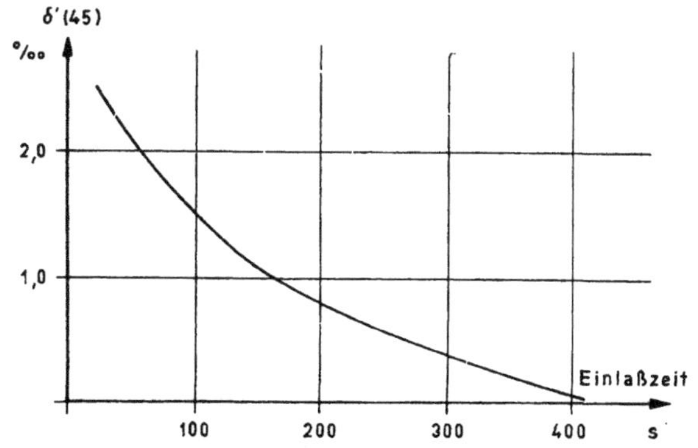

Abb. 1. Einfluß von Glasfritten

Weitere Fehlerquellen

In den Bedienungsanweisungen wird ein Mindestdruck von 40 bis 50 Torr in den variablen Volumina des Einlaßsystems gefordert. Es hat sich jedoch gezeigt, daß ein Druck von 10 bis 15 Torr für genaue Messungen noch ausreichend ist. Niedrigere Drücke haben geringere Empfindlichkeit zur Folge, außerdem ist der Gaseinstrom in die Ionenquelle nicht mehr exakt viskos, wodurch systematische Fehler entstehen können.

Wenn beide Einlaßsysteme die gleiche Substanz bei gleichen Ionenströmen enthalten und sich die Kompensationsspannungen dennoch unterscheiden, genügt gewöhnlich das Ausheizen des Doppeleinlaßsystems einschließlich der Kapillaren, um den Blindwert zu beseitigen. Undichte Einlaßsysteme können auch bei niedrigen Leckraten vor allem die Isotopenanalyse von Stickstoff und Sauerstoff wesentlich verfälschen. Geringer ist die Auswirkung bei der Analyse des Kohlenstoffs.

Fehler, die durch ungleiche Drücke von Probe und Leitprobe entstehen, werden in späteren Abschnitten behandelt. Hier folgen noch einige Bemerkungen über den Einfluß der Intensität auf p- und Deltawert.

Druckabhängigkeit

Aus Gl. (32) des eingangs genannten Artikels entnimmt man die Beziehung

$$p = \frac{I_B}{I_A} \cdot \frac{R_B'}{R_A} \cdot \frac{1}{q \cdot f_A}$$

Danach dürfte sich der p-Wert etwa mit der Spannung U_B, die ein Maß für den Druck ist, nicht ändern. Aus den Messungen der Abb. 2 ist aber eine deutliche Abhängigkeit zu erkennen. Es handelt sich um die gleiche Leitprobe, am Massenspektrometer M 86 (Kurve 1) und am Massenspektrometer CH 6 (Kurve 2) gemessen.

Für dieses Verhalten können gemäß der angeführten Gleichung zwei Ursachen in Frage kommen: Mit dem Druck ändern sich

a) die Ionenstromverhältnisse (z. B. durch Raumladungseffekte),

b) die Widerstandsverhältnisse.

Untersuchungen über den Einfluß der Raumladung in der Ionenquelle sind gegenwärtig im Gange (CORNIDES); die Inkonstanz der Widerstände behandelt ein folgender Abschnitt. Wegen der Druckabhängigkeit des p-Wertes hat man in jedem Falle die Spannungen U_{BL}

und U_{BP} gleichzumachen. Für die Abhängigkeit des Deltawertes vom Druck wurde am Gerät M 86 die Abb. 3 erhalten ($R_B = 10^9\,\Omega$).

3. Fehlerquellen im Hochvakuumteil

Ableitung einer allgemeinen Beziehung zum Einfluß von Untergrund, Nullpunktverschiebung, Verunreinigungen und Auflösungsvermögen

Mit „Untergrund" bezeichnet man Ionenströme, die durch Ionisation des Restgases im Hochvakuumsystem zustande kommen. Die auf die Auffänger A und B fallenden Gesamtionenströme I_{AG} bzw. I_{BG} setzen sich aus den Strömen des eingelassenen Gases I_A bzw. I_B und den Untergrundintensitäten sowie Ionenströmen, die durch Verunreinigungen hervorgerufen werden, zusammen. Die beiden letzten Komponenten sollen gemeinsam die Bezeichnung I_{AU} bzw. I_{BU} tragen; P und L bedeuten die Indizes für Probe und Leitprobe. Damit ergibt sich aus der Definition des Deltawertes (s. 330, Gl. (12))

$$\delta = \frac{\left(\frac{I_{AG} - I_{AU}}{I_{BG} - I_{BU}}\right)_P}{\left(\frac{I_{AG} - I_{AU}}{I_{BG} - I_{BU}}\right)_L} - 1$$

(A ist der Index für das seltene, B der für das häufige Isotop.)

Nach Umformung entsteht der Ausdruck

$$\delta = \frac{\dfrac{\left(\frac{I_{AG}}{I_{BG}}\right)_P}{\left(\frac{I_{AG}}{I_{BG}}\right)_L} - \dfrac{\left(\frac{I_{AU}}{I_{BG}}\right)_P}{\left(\frac{I_{AG}}{I_{BG}}\right)_L}}{1 - \left(\frac{I_{AU}}{I_{AG}}\right)_L} \cdot \frac{1 - \left(\frac{I_{BU}}{I_{BG}}\right)_L}{1 - \left(\frac{I_{BU}}{I_{BG}}\right)_P} - 1 \tag{3}$$

Hierin ist der erste Doppelbruch des Zählers gleich $\delta' + 1$, wenn mit δ' der unkorrigierte Meßwert bezeichnet wird.

Bei Routineanalysen läßt sich statt $K = 1$ nur

$$I_{BGP} = I_{BGL} = I_{BG} \tag{4}$$

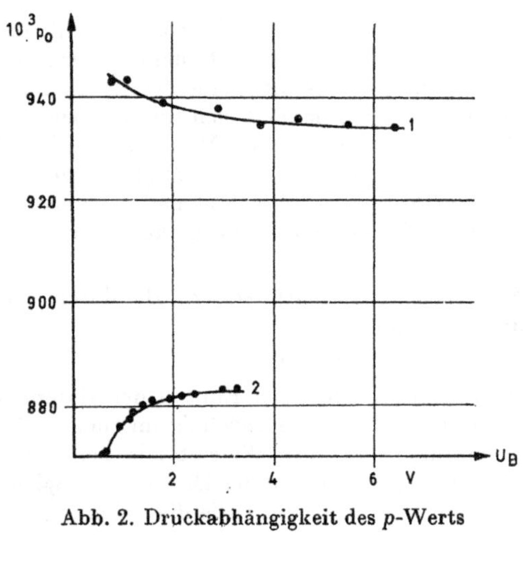

Abb. 2. Druckabhängigkeit des p-Werts

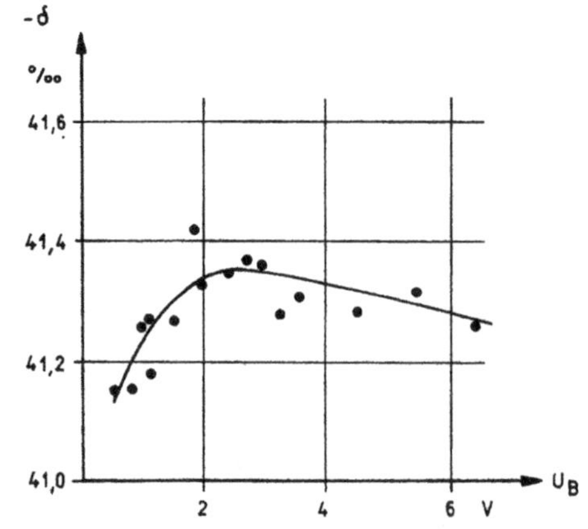

Abb. 3. Intensitätsabhängigkeit eines hohen Deltawerts

verifizieren. Setzt man dies und $(\delta' + 1)$ in Gl. (3) ein, ergibt sich mit den Abkürzungen

$$i_{AP} = \frac{I_{AUP}}{I_{AGL}}, \quad i_{AL} = \frac{I_{AUL}}{I_{AGL}}, \quad i_{BP} = \frac{I_{BUP}}{I_{BG}}, \quad i_{BL} = \frac{I_{BUL}}{I_{BG}}$$

die Korrekturformel

$$\delta = (\delta' + 1 - i_{AP}) \cdot \frac{1 - i_{BL}}{(1 - i_{AL}) \cdot (1 - i_{BP})} - 1 \tag{5}$$

Weil in dieser Ableitung außer Gl. (4) keine speziellen Annahmen über das Meßverfahren gemacht wurden, gilt Gl. (5) sowohl für alle in der vorhergehenden Arbeit diskutierten Varianten als auch für die Kompensationsschaltung von NIER (1947), die etwa in den sowjetischen Massenspektrometern angewandt ist.

Untergrund

Da bei einer Messung Probe und Leitprobe mehrmals nacheinander in so kurzen Abständen (< 1 min) in den Hochvakuumteil eingelassen werden, daß sich der Geräteuntergrund nicht merklich ändert, interessieren zunächst die Fälle $i_{AL} = i_{AP} = i_A$ und $i_{BP} = i_{BL} = i_B$. Gl. (5) vereinfacht sich zu

$$\delta = \frac{\delta'}{1 - i_A} \tag{6}$$

Der Deltawert hängt nur von dem Untergrund ab, der sich dem Ionenstrom des seltenen Isotops überlagert, nicht aber vom Untergrund auf dem Auffänger für das häufige Isotop. Die Abweichung ergibt sich zu

$$\delta' - \delta = -i_A \cdot \delta$$

Wird eine kleine positive Zahl ε als maximal zulässiger Fehler vorgegeben, so muß die Ungleichung

$$i_A \leq \frac{\varepsilon}{|\delta|}$$

erfüllt sein. In Abb. 4 ist $i_A = i_A(|\delta|)$ für $\varepsilon = 0{,}05$‰ (untere Kurve) und $0{,}1$‰ (obere Kurve) graphisch dargestellt.

Danach erhöhen sich mit wachsendem Betrag des Deltawerts die Anforderungen an die Sauberkeit des Massenspektrometers. Dieses Ergebnis verliert dadurch an Bedeutung, daß man einen konstanten Untergrund mittels der Nullpunktregler kompensieren kann, wie nachstehend gezeigt ist.

Verstärkernullpunkte

Die Nullpunkte der Gleichstromverstärker sind mittels empfindlicher Potentiometer regulierbar. Verstellt man den Potentiometerabgriff, ändert sich in der Elektrometerröhre das Potentional des Raumladegitters. Da die Ionenstromänderungen auf den Verstärker am benachbarten Steuergitter der gleichen Röhre einwirken, ist zu erwarten, daß sich Nullpunktverschiebungen ähnlich wie Untergrundströme bemerkbar machen. Dies trifft tatsächlich zu, weswegen ihr Einfluß an dieser Stelle behandelt wird.

Eine einfache Ableitung liefert als Korrekturformel

$$\delta = \frac{\delta'}{1 - \dfrac{U_{AZ}}{U_{AGL}}} \qquad (7)$$

wobei U_{AZ} die Zusatzspannung im A-Verstärker und U_{AGL} die gesamte Verstärkerausgangsspannung des A-Verstärkers bedeuten. Mit δ' ist immer der unkorrigierte Wert bezeichnet. Gl. (7) ist mit Gl. (6) identisch, da i_A auch als Spannungsquotient u_A aufgefaßt werden kann. Dieser Sachverhalt hat für die Meßpraxis die wichtige Bedeutung, daß sich ein Untergrund auf dem A-Auffänger kompensieren läßt, indem vor dem Einlassen des Gases durch Drehen am Nullpunktregler das Verstärkerausgangssignal annulliert wird. Mit anderen Worten: Man darf beim Einstellen des Nullpunkts den Untergrund nicht ausblenden. Eine Zusatzspannung auf dem B-Verstärker spielt wie im vorhergehenden Abschnitt auch hier keine Rolle.

Abb. 5 zeigt den Zusammenhang beim A-Verstärker. Das Geradenstück ist nach Gl. (7) gezeichnet, die Punkte stellen experimentelle Werte dar. Als Nachweis dafür, daß die Null-Lage des B-Verstärkers den Deltawert nicht beeinflußt, kann Tab. 2 gelten.

Zur Kontrolle der Untergrundkompensation mit Hilfe der Nullpunktregler wurde eine CO_2-Probe hohen Delta-

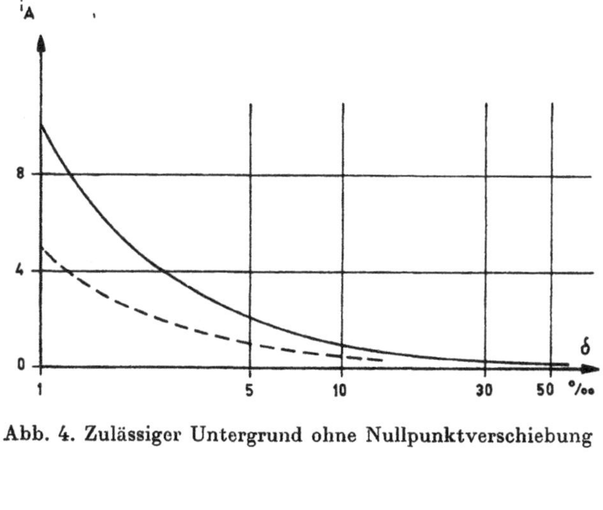

Abb. 4. Zulässiger Untergrund ohne Nullpunktverschiebung

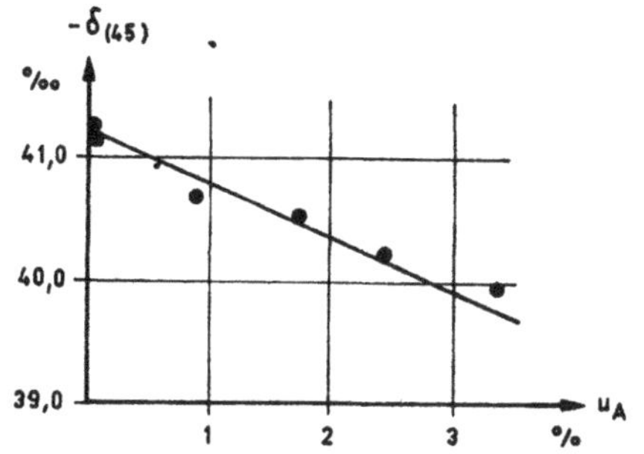

Abb. 5. Deltawert bei verschobenem Nullpunkt

wertes gemessen und über ein drittes Einlaßsystem Äthanoldampf zusätzlich eingelassen. Bruchstückpeaks des Alkohols belegen die Massenzahlen 40 bis 44 sowie 45, dadurch enstanden Untergrundströme auf beiden Auffängern. Die Verfälschung des $\delta(45)$-Werts konnte durch Verändern der Null-Lage des A-Verstärkers um einen aus (7) errechneten Betrag weitgehend rückgängig gemacht werden (s. auch GALIMOW 1965).

Tabelle 2

U_{BZ}	$\frac{U_{BZ}}{U_{BGL}}$	δ (45)
0 mV	0%	−41,19 ‰
+35 mV	1,45%	−41,21 ‰
−50 mV	−2,35%	−41,27 ‰
0 mV	0%	−41,21 ‰

Verunreinigungen

Verunreinigungen der Probe beeinträchtigen die Messung vor allem dann, wenn aus ihnen Ionen gebildet werden, die die beiden Auffänger belegen. Im Massenspektrometer M 86 nimmt der Auffänger für das häufige Isotop nicht nur den gewünschten Ionenstrom, sondern auch eine Reihe von Nachbarmassen mit auf. Bei CO_2-Analysen erfaßt er noch die Massenzahl 40. Deswegen verfälschen Luftverunreinigungen die CO_2-Analysen in der Hauptsache wegen ihres Ar-Gehalts. Auf die andere Seite des B-Auffängers gelangen Ionen bis zu m/e-Werten von 48, wie Messungen an mit SO_2 verunreinigten CO_2-Proben zeigten. (SO_2 bildet das Ion $^{32}S^{16}O^+$.) Die SO_2-Intensitäten, die am M 86 schon eine deutliche Änderung des $\delta^{13}C$-Werts bewirken, sind so gering, daß sie mit einem Massenspektrometer des Typs CH 3 nicht mehr nachgewiesen werden können (0,05% gegenüber CO_2).

Außer Luft und SO_2 beeinflussen noch andere Verunreinigungen die Isotopenanalyse des Kohlenstoffs. Spuren organischer Lösungsmittel, die zum Reinigen der probenchemischen Apparaturen dienen, liefern Beiträge auf den Nachbarmassen: Benzin erscheint auf den Massenlinien 39 bis 43, ein Bruchstück des CCl_4-Moleküls ist das Ion $C^{35}Cl^+$ mit der Massenzahl 47, und aus Azeton wird CH_3CO^+ mit der Massenzahl 43 gebildet. Unbedingt sind Verunreinigungen durch Äthanol und nitrose Gase zu vermeiden. Äthanol belegt mit den Ionen $C_2H_5OH^+$ und $C_2H_5O^+$ die Massenzahlen 46 und 45; es ist an der typischen Alkoholmassenzahl 31 ($= CH_3O^+$) zu erkennen. N_2O und NO_2 tragen mit ihren

Molekülpeaks zu den Massenlinien 44 und 46 bei, sie sind am Ion NO^+ (Massenzahl 30) zu erkennen.

Die Analyse des Stickstoffs wird in erster Linie durch Undichtigkeiten beeinträchtigt. Schädlich sind außerdem Kohlenwasserstoffe, deren Bruchstücke u. a. die Massenlinien 28 und 29 belegen, ferner CO_2 und CO wegen der CO^+-Ionen mit der Massenzahl 28. Einige Verunreinigungen können auch unregelmäßige Fehler bewirken. Zum Beispiel greift SO_2 die Katode an und verursucht dadurch Unregelmäßigkeiten in der Emission.

Bei den Präzisionsisotopenanalysen sind also zuweilen die Anforderungen an die Reinheit der Proben sehr hoch. Es läßt sich aber der Einfluß mancher Nebenmassen eliminieren, wenn Teile des breiten Auffängers z. B. mit einem V2A-Blech abgedeckt werden. Ist ein Auffängersystem für Isotopenanalysen an CO_2, N_2 und anderen Elementen vorgesehen, bei denen das schwere Isotop mit dem selteneren identisch ist, kann man den Teil des breiten Auffängers, auf den die Ionenströme mit den höheren Massenzahlen auftreffen würden, vollständig abdecken. Bei der Messung von CO_2 z. B. stören dann weder SO^+-Ionen noch Spuren von CCl_4.

Quantitativ sind die Einflüsse der Verunreinigungen leicht an Hand von Gl. (5) überschaubar. Fallen die aus den Verunreinigungen gebildeten Ionen auf den B-Auffänger, ergibt sich

$$\delta' - \delta = -(1 + \delta) \cdot i_{BP}$$

Alle Abweichungen sind unabhängig von δ und i_{BP} negativ, was schon von der Anschauung her klar ist. Das Absolutglied i_{BP} stellt Meßwert und Fehler für $\delta = 0$ dar. Fallen die aus den Verunreinigungen gebildeten Ionen auf den Auffänger für das seltene Isotop, entsteht aus Gl. (5) eine ähnliche Beziehung:

$$\delta' - \delta = i_{AP}$$

(Es handelt sich also hier um einen konstanten Fehler.)

Schließlich sei noch auf Verunreinigungen der Proben durch Wasser oder Wasserstoff hingewiesen. Beide Stoffe reagieren in der Ionenquelle mit den Ionen des Meßgases, so daß z. B. bei CO_2-Messungen die entstehenden CO_2H^+-Ionen eine höhere Intensität auf der Massenlinie 45 erzeugen (s. z. B. HAASE 1962). Die Wahrscheinlichkeit von H-Anlagerungen ist stark von den Bedingungen, vor allem (quadratisch) vom Druck, abhängig. Es ist am einfachsten, den Effekt experimentell zu prüfen.

Einfluß des Auflösungsvermögens

Ein schlechtes Auflösungsvermögen äußert sich im Überlappen benachbarter Peaks. Ist der Intensitätsunterschied der beiden interessierenden Peaks wie bei natürlichem Kohlenstoff, Stickstoff und Sauerstoff sehr hoch, darf man im allgemeinen den Beitrag des weniger intensiven Ionenstrahls zum Strom des intensiveren Ionenstrahls vernachlässigen. Die spezielle Auffängerkonstruktion des Massenspektrometertyps M 86 bewirkt, daß jedes zum intensiven Ionenstrahl gehörige Ion entweder auf den dafür vorgesehenen Auffänger B oder auf den anderen Auffänger A fällt. Der Strom I_B ist also um einen Anteil $y \cdot I_B$ verringert, der den Strom I_{AG} vergrößert. Die allgemeine Korrekturformel (5) eignet sich auch zur Behandlung dieses Problems; denn $y \cdot I_B$ verhält sich hinsichtlich I_{AG} wie ein gewöhnlicher Untergrund I_{AU} und hinsichtlich I_{BG} wie ein negativer Untergrund I_{BU}.

Da sowohl die Ströme I_{BG} als auch die Peakverbreiterungen für Probe und Leitprobe gleich sind, gelten

$$i_{AP} = y \cdot \frac{I_B}{I_{AGL}} = i_{AL} \quad \text{und} \quad i_{BP} = -y \cdot \frac{I_B}{I_{BG}} = i_{BL}$$

Das bedeutet:

$$\delta = \delta' \cdot \frac{1}{1 - y \cdot \dfrac{I_B}{I_{AGL}}}$$

was einen Spezialfall von Gl. (6) darstellt. Ein schlechtes Auflösungsvermögen wirkt demnach auf den Deltawert wie ein für Probe und Leitprobe konstanter Untergrund.

4. Von der gewählten Meßvariante abhängige Fehler

Bemerkungen zum Kalibrieren

Aus den Darlegungen des Kap. 2. der vorhergegangenen Arbeit (es gelten die gleichen Bezeichnungen) lassen sich für die Varianten I bzw. II die folgenden Beziehungen gewinnen:

$$\Delta U = -\Delta p \cdot q \cdot \frac{f_B}{n_B} \cdot U_A$$

$$\text{bzw.} \quad \Delta U = -\Delta p \cdot q \cdot \frac{f_A}{n_A} \cdot U_B$$

Sie zeigen, daß es gleichgültig ist, nach welcher Richtung man kalibriert, d. h., welches Vorzeichen man für Δp wählt. Ist die dem häufigen Isotop entsprechende Verstärkerausgangsspannung geteilt, spielt es keine Rolle, ob man mit der Probe oder mit der Leitprobe kalibriert; denn die Auswerteformeln für beide Varianten II_L und II_P sind identisch, Gl. (26). Ein Unterschied besteht jedoch zwischen den Varianten I_L und I_P. Würde die Messung nach Variante I_P mittels Gl. (24), d. h. mit dem Zähler des Ausdrucks (25) allein, ausgewertet, entstünde ein korrekturbedürftiger Deltawert δ', aus dem sich etwa für den Spezialfall $p_P = p_L$ das Ergebnis nach

$$\delta = \frac{\delta'}{1 - \delta'}$$

errechnet. Die Gültigkeit dieser Gleichung wurde experimentell überprüft.

Unvollständige Kompensation der Leitprobe

Die Gln. (24) und (25) enthalten U_L nur implizit. Es ist demnach bei den Varianten I_L und I_P gleichgültig, ob die Leitproben-Ausgangsspannungen vollständig gegeneinander kompensiert sind oder nicht. Maßgebend sind allein die Differenzen der Restspannungen von Probe und Leitprobe. Dagegen hängen die Deltawerte in den Varianten II_L und II_P explizit von U_L ab.

Würde man dies vernachlässigen, erhielte man einen falschen Wert δ', aus dem sich der wahre Wert zu

$$\delta \approx \delta' \cdot \left(1 - \frac{U_L}{U_B} \cdot \frac{n_A}{p_L q f_A}\right)$$

ergibt. Abb. 6 zeigt eine Meßreihe zur Überprüfung dieser Zusammenhänge. Eine Probe mit dem δ-Wert $-20{,}53^0/_{00}$ wurde 10mal hintereinander gemessen, dabei betrug der Quotient U_L/U_B abwechselnd 0,65% und 0,0%. Unter den gegebenen Versuchsbedingungen müßte die Verfälschung zu einem Wert von $\delta' \approx -20{,}94^0/_{00}$ führen. Die Meßpunkte liegen etwas darüber, was möglicherweise auf den weiter unten (Kap. 5.) diskutierten Fehler zurückgeht.

Wichtig sind diese Überlegungen vor allem für $p_P = p_L$. U^K beträgt im verwendeten empfindlichen Schreiberbereich höchstens 30 mV. Es sei ferner $U_B = 2{,}5$ V und $p_L = 0{,}6$ (für $\delta\,^{15}N$) bzw. 0,33 (für $\delta\,^{18}O$) angenommen. Mit diesen Parametern liefert die Rechnung einen möglichen Fehler von $0{,}4^0/_{00}$ für $\delta\,^{15}N$ und von $1{,}3^0/_{00}$ für $\delta\,^{18}O$.

Ungleiche Drücke von Probe und Leitprobe

Die Gasdrücke in der Ionenquelle werden im wesentlichen durch die Ionenströme für das häufige Isotop repräsentiert. Daher heißt Druckungleichheit $K \neq 1$.

Zunächst sei die Variante I_L betrachtet. Die Abhängigkeit des Deltawerts von K ist mit derjenigen von U_P gekoppelt, s. Gl. (17), S. 331. Wählt man also $U_P = 0$, dürfte der Deltawert von K nicht abhängen. Bei jedem $U_P \neq 0$ hingegen ist die Größe K für den Deltawert von Bedeutung. Wird $K \neq 1$ bei der Auswertung nicht berücksichtigt, erhält man einen falschen Wert δ' (Gl. 24, S. 331). Die Größe des Fehlers ergibt sich durch Vergleich dieses Wertes mit dem wahren Deltawert aus Gl. (17) zu

$$\delta' - \delta = \frac{\delta_2}{1 - \frac{U^K}{U_P}\left(1 + \frac{1}{K-1}\right)}$$

Mit δ_2 und δ_2' sind die U_P enthaltenden Summanden von Gl. (17) bzw. (24) bezeichnet. Für $U^K = U_P$ (d. i. $U_L = 0$) wird die letzte Beziehung besonders übersichtlich:

$$\delta' - \delta = (K-1) \cdot \delta_2 = \left(1 - \frac{1}{K}\right) \cdot \delta_2' \qquad (8)$$

Der Fehler hängt demnach bei vorgegebenem K im wesentlichen von der Höhe des Anteils δ_2' ab und wird für einen bestimmten Deltawert maximal, wenn man $p_P = p_L$ (d. h. $\delta' = \delta_2'$) wählt.

In Abb. 7 ist der theoretische Zusammenhang (8) (Gerade) bei $p_P = p_L$ mit dem Experiment (Punkte) verglichen worden. Es handelt sich hier also um einen starken systematischen Fehler. Die Übereinstimmung der Theorie mit dem Experiment ist in diesem Falle recht gut. Im nächsten Abschnitt wird gezeigt, daß sich bei höheren Deltawerten dem bisher betrachteten Fehler noch ein von der Nichtlinearität der Hochohmwiderstände herrührender Term überlagert.

Ähnliche Überlegungen lassen sich auch für die übrigen drei Varianten anstellen. Man erkennt, daß die Abhängigkeit des Deltawerts von K bei Variante I_P an die

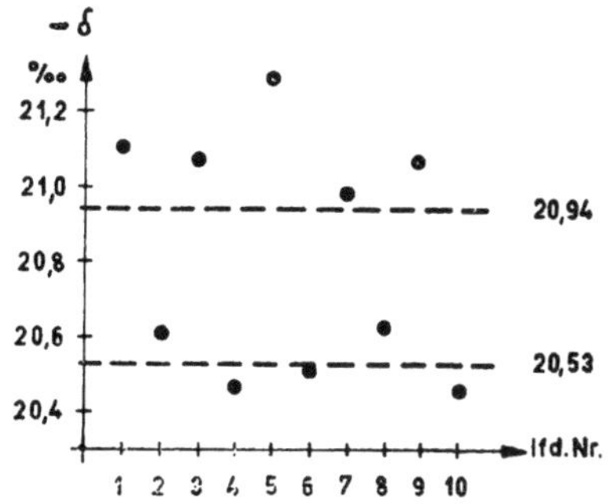

Abb. 6. Unvollständige Kompensation des Leitprobensignals

Größe U_L gekoppelt ist. Für $U_L = 0$ wird in Gl. (18) der Deltawert unabhängig von K auch für $= \delta_2'$. Bemüht man sich, $U_L = 0$ zu verwirklichen, ist in bezug auf die unregelmäßigen Fehler, die ja zu einem beträchtlichen Teil von der Ungleichheit $I_{BP} \neq I_{BL}$ herrühren, die Variante I_P der Variante I_L vorzuziehen, sofern nicht $U_P = 0$ ist.

Variante II_L ist in ihrer K-Abhängigkeit wieder mit der erstgenannten zu vergleichen: K ist an U_P gekoppelt, und für $U_L = 0$ ergibt sich die Abweichung zu

$$\delta' - \delta = (K-1) \cdot \left(\delta + 1 - \frac{p_P}{p_L}\right)$$

d. h. wieder

$$\delta' - \delta = (K-1) \cdot \delta_2$$

Variante II_P wird für $U_L = 0$ unabhängig von K wie Variante I_P.

5. Fehler durch Verstärkung und Registriersystem

Nichtlinearität der Hochohmwiderstände

Für Hochohmwiderstände gilt das Ohmsche Gesetz nicht mehr uneingeschränkt, sondern der Widerstandswert ist eine Funktion der anliegenden Spannung. Weil

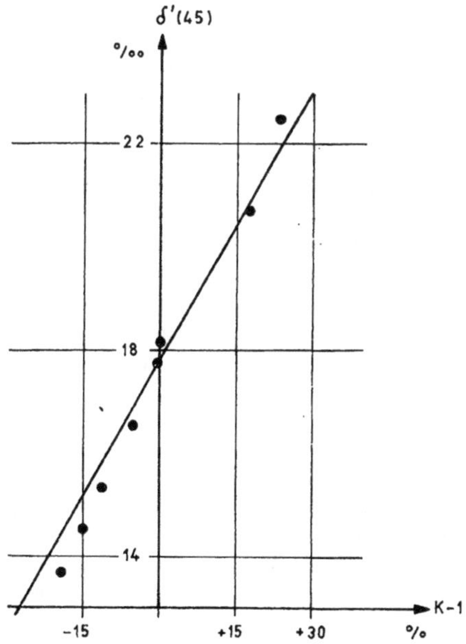

Abb. 7. Deltawert in Abhängigkeit vom relativen Ionenstromverhältnis

die Widerstände R_A, R_A', R_B bzw. R_B' (s. Abb. 2, S. 329) in Größenordnungen von 10^8 bis 10^{11} liegen, hat dieser Effekt auch für die Isotopenanalyse Bedeutung (s. z. B. HABFAST 1960 und BISHOP u. a. 1961).

In erster Näherung ändert sich der Widerstand (R_K) linear mit der Spannung:

$$R_K = R \cdot (1 - \alpha U) \qquad (9)$$

Wegen $U = I \cdot R_K$ folgt daraus für die am Widerstand abfallende Spannung

$$U(I) = \frac{I \cdot R}{1 + IR\alpha}$$

und für den Widerstand in Abhängigkeit vom Strom

$$R_K(I) = \frac{R}{1 + IR\alpha}$$

Unter dieser Voraussetzung wurde für Variante I_L eine verhältnismäßig allgemeine Beziehung abgeleitet, die den Deltawert in Abhängigkeit vom Ionenstromverhältnis K und von den linearen Spannungskoeffizienten der Hochohmwiderstände darstellt (DOSTAL, Diss.). Sie lautet:

$$\delta = \left[1 + \frac{\delta_2'}{K \cdot (1 + \delta_1')}\right] \cdot \left[1 + U_{BL}\left(z\mathrm{R} \cdot \frac{R_A}{R_B}\,\alpha_A - \frac{R_B'}{R_A}\,\alpha_B'\right)(K - 1 + K\delta)\right] \cdot (1 + \delta_1') - 1 \qquad (10)$$

δ_1' heißt $P_L/p_P - 1$, α_A und α_B' sind die Spannungskoeffizienten der Widerstände R_A und R_B', und z ist ein Binomialkoeffizient, der angibt, wie oft das Atom des untersuchten Elements im Molekül des Meßgases enthalten ist. Die Bedeutung der übrigen Größen wurde bereits erklärt. Man sieht, daß die K-Abhängigkeit an das Verhältnis der beiden Summanden δ_1' und δ_2' gekoppelt ist.

Durch Spezialisierung von Gl. (10) für $\delta_1' = 0$ bzw. $\delta_2' = 0$ ergeben sich in guter Näherung lineare Zusammenhänge. In Abb. 8 folgt die Gerade g_1 für $\delta_2' = 0$ aus Gl. (8); die experimentell gefundene Gerade g_2 entspricht dem Sonderfall $\delta_2' = 0$ der Gl. (10). Der aus der Steigung von g_2 berechnete Verlauf der Geraden g_4 [Gl. (10) für $\delta_1' = 0$] stimmt mit den experimentellen Werten gut überein. (Die Gerade g_3 wäre für $\delta_1' = 0$ bei konstanten Hochohmwiderständen zu erwarten.) Ist sowohl δ_1' als auch $\delta_2' \neq 0$, liegen die Diagrammpunkte in einer von den Geraden g_2 und g_4 begrenzten Zone. Mit Gl. (10), d. h. mit der Annahme (9), läßt sich also die Abhängigkeit des Deltawerts von der Druckungleichheit zwischen Probe und Leitprobe gut erklären.

Gl. (10) enthält den Parameter U_{BL}, der ein Maß für den Druck ist. Für hohe Deltawerte versagt aber die bisher dargelegte Theorie, um die Änderung des Deltawerts mit dem Druck zu verstehen. Statt des gefundenen Zusammenhangs der Abb. 3 würde aus Gl. (10) eine wesentlich stärkere Abhängigkeit folgen. Offensichtlich spielen außer Gl. (9) noch weitere Faktoren eine Rolle. So ändern sich z. B. die α selbst mit der Spannung (s. z. B. INGHRAM 1944), ferner sind Raumladungseffekte (s. o.) zu berücksichtigen.

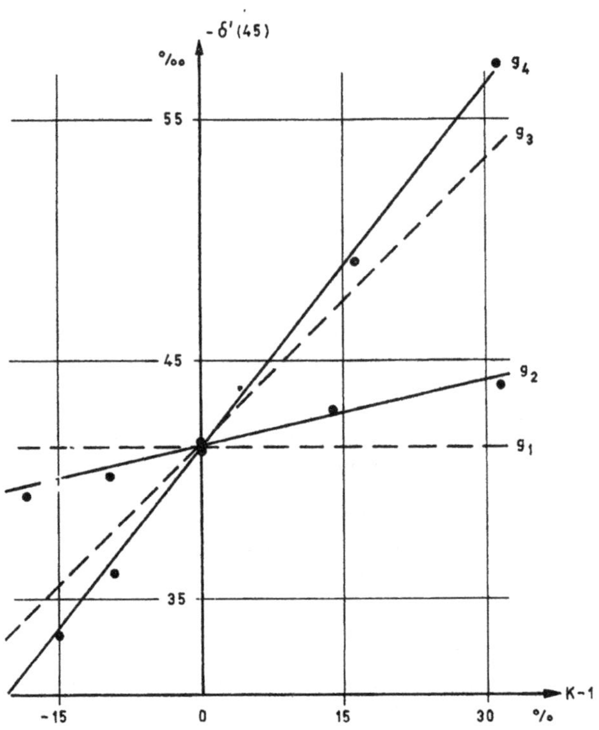

Abb. 8. Hoher Deltawert in Abhängigkeit vom relativen Ionenstromverhältnis

Weitere Bemerkungen

Auch andere Teile der Registriereinrichtung können zu systematischen Fehlern beitragen, etwa die Spannungsteilerschaltungen (GOLDENFELD 1965) oder der Kompensationsbandschreiber. Nicht alle der möglichen Fehler lassen sich bei den in den Bedienungsanweisungen angegebenen Linearitätsprüfungen erkennen. So haben wir an unserem Schreiber z. B. folgendes bemerkt: Legt man den Nullpunkt in die Mitte und registriert gleiche Spannungen verschiedenen Vorzeichens, so daß sich Ausschläge von ca. 70 mm ergeben, fallen die Werte nach rechts ständig um 1 bis 2% zu groß aus. Auch wegen der Gefahr solcher Fehler darf man hohe Deltawerte nicht bei $p_L = p_P$ messen.

Die Hochohmwiderstände sind gewöhnlich mit kleinen Kondensatoren versehen. Es ist günstig, wenn sich die Zeitkonstanten dieser Kombinationen möglichst wenig voneinander unterscheiden. Weiter ist es vorteilhaft, dem Schreibereingang einen Elektrolytkondensator hoher Kapazität (z. B. 1000 μF) parallelzuschalten.

Die Stellung des Potentiometers R_V in Abb. 2 (S. 329) hat keinen Einfluß auf den Deltawert. Dies geht aus allen Ableitungen hervor und wurde auch experimentell bestätigt.

Zusammenfassung

Die meisten bei der Präzisionsisotopenanalyse auftretenden Fehler sind systematischer Art und reichen in die Größenordnung signifikanter natürlicher Isotopenhäufigkeitsschwankungen hinein. Dieser Artikel behandelt vor allem die eigentlichen massenspektrometrischen Meßfehler. Bereits beim Einlassen des Gases sind verschiedene Fehlerquellen zu beachten. Für den Einfluß von Untergrund, Nullpunktverschiebung, Verunreinigungen und Auflösungsvermögen läßt sich eine allgemeine Korrekturformel angeben. Insbesondere kann durch Verschieben der Nullpunktregler der Einfluß des Untergrunds aufgehoben werden. Die Auswirkung mancher Faktoren auf den Meßwert ist von der gewählten Meßvariante abhängig. Dazu gehören die Art des Kalibrierens, unvollständige Kompensation der Leitprobe und unterschiedliche Intensität von Probe und Leitprobe. Behält man während einer Messung die gleiche Einstellung am Dekadenpotentiometer bei, entstehen gegenüber der vollständigen Kompensation von Probe und Leitprobe größere unregelmäßige Fehler wegen des Empfindlichkeitsverlusts am Schreiber und wegen Nichtlinearitäten der Registriereinrichtungen.

Резюме

Большинство возникающих при точном изотопном анализе ошибок являются систематическими и доходят до порядка величины существенных естественных изменений частоты изотопов. Настоящая статья рассматривает, прежде всего, собственные массово-спектрометрические ошибки измерения. Уже во время впуска газа наблюдаются различные источники ошибок. Влияние общего фона, сдвижения нулевого пункта, загрязнений и разряжающей способности можно учитывать общей поправочной формулой. В частности, можно путем перемещения пункта нулевого отсчета исключать влияние фона. Воздействие некоторых факторов на измеряемое значение показателя зависит от выбранного способа измерения. Сюда относятся род калибровки, неполнота компенсации эталонной пробы и различие в интенсивности пробы и эталона. Если во время измерения придерживаются постоянного расположения десятичного потенциометра, то возникают — в отличие от полной компенсации пробы и эталона — более высокие неравномерные ошибки из-за уменьшения чувствительности записывающего устройства и нелинейностей регистрирующих устройств.

Summary

Most errors presenting themselves in the precision isotopic analysis are systematic ones and reach down to the order of significant natural variations of isotope abundance. The present article deals above all with errors in mass spectrometric measurement proper. Attention must already be paid to various sources of error resulting from an introduction of the gas. A universal formula of correction can be given for influences exerted by the underground, zero-point displacement, contaminations, and resolving power, with the influence of the underground suppressed in particular by shifting the zero-point regulator. The effect produced by some factors on the measured value depends on the variant chosen for the measurement. They include the type of calibration, incomplete compensation of the conducting sample, and different intensity of sample and conducting sample. Compared with a complete compensation of sample and conducting sample, there are major irregular errors when maintaining the same adjustment of the decade potentiometer during the measurement. They must be attributed to the sensitivity loss of the recorder and to non-linearities of the recording instruments.

Literatur

BRADDICK, H. J. J.: Die Physik des experimentellen Arbeitens. — Berlin 1959.
CORNIDES, I.: Budapest. Mündl. Mitt.
DOSTAL, K.-P.: Diss. Magdeburg 1970/71.
— Zum Standardproblem bei der Präzisionsisotopenanalyse des Kohlenstoffs für istotopengeochemische Untersuchungen. — Z. angew. Geol., **16**, 130—133, Berlin 1970.
—: Varianten der Präzionsisotopenanalyse von Gasen mit dem Massenspektrometer M 86. — Z. angew. Geol., **17**, 328—333, Berlin 1971.
ECKSCHLAGER, K.: Fehler bei chemischen Analysen. — Leipzig 1964.
GALIMOW u. a.: Journ. analit. Chim., **20**, 547, Moskau 1965.
GOLDENFELD, J. W.: In: Methodische Fragen der Isotopengeologie. — S. 11, Moskau 1965 (russ.).
HAASE, G.: Störende H-Anlagerung bei der massenspektrometrischen Isotopenanalyse. — Kernenergie, **5**, 419 (1962).
HULTZSCH, E.: Ausgleichsrechnung mit Anwendung in der Physik. — Leipzig 1966.
INGHRAM, M. G., u. a.: SAM-Report 1E1—R442, Okt. 3 (1944).
NIER, A. O.: Rev. Sci. Instr., **18**, 398 (1947).

Über das gefaltete Fundament und die Struktur der Nord- und Ostseesenke

L. E. LEWIN, UdSSR

1. Überblick

Die heutigen Nord- und Ostseesenken gehören zu einer gewaltigen Absenkung auf dem perikratonen Westteil der Europäischen Tafel (BOGDANOW 1968). Im sedimentären, von der Nordsee bedeckten Tafeldeckgebirge wurden riesige Erdöl- und Erdgaslagerstätten festgestellt. 1968 gab es bereits vierzehn derartige Lagerstätten. Zugleich nimmt der Umfang meeresgeologisch-geophysikalischer Arbeiten von Jahr zu Jahr zu. Längs der Süd- und Ostgrenze der Ostseesenke (auf dem Gebiet der UdSSR, Polens und der DDR) sind industriell nutzbare Kohlenwasserstoffansammlungen und zahlreiche Hinweise auf Erdöl und Erdgas bekannt. Dadurch gewinnt die Untersuchung der tektonischen Verhältnisse für die Erdöl- und Erdgasakkumulation in diesen Gebieten nicht nur theoretische, sondern auch größere praktische Bedeutung.

Der vorliegende Aufsatz berücksichtigt die Arbeiten der letzten Jahre von A. A. BOGDANOW (1967, 1968 u. a.) und M. W. MURATOW (1966) über die Tektonik und den geologischen Bau des Tafelfundaments im ganzen; von A. A. BORISSOW (1962, 1965), R. A. GAFAROW (1963) u. a. zur Analyse der Anomalien physikalischer Felder der Tafel; von W. S. SHURAWLEW (1964, 1965 u. a.) über den tektonischen Bau der nördlichen, südöstlichen und südwestlichen Tafelrandgebiete; die Arbeiten von J. ZNOSKO (1964), H. KÖLBEL (1964), D. FRANKE (1967) u. a. über die Tektonik von Gebieten, die außerhalb der UdSSR liegen, wie auch Arbeitsergebnisse des Allunionsforschungsinstituts für Meeresgeologie im Ostseebereich.

Die Grenzen der Europäischen Tafel sind in der Umrahmung von Nord- und Ostseesenke recht gut bekannt (BOGDANOW 1967, 1968; SHURAWLEW 1964, 1965 u. a.). Ungelöst ist das Problem der Verbindung der Kaledoniden Englands und Norwegens im Nordseeraum.

In diesem perikratonen Gebiet sind drei große Megastrukturen hervorzuheben: die Nordsee- und Ostsee-Syneklise und das Dänisch-Polnische Aulakogen (BOGDANOW 1968). Die wichtigsten Züge seines Aufbaus sind deutlich in den Schwerefeldanomalien abgebildet, durch sie werden auch die individuellen Besonderheiten hervorgehoben (Abb. 1).

In dem Teil der Baltischen Syneklise, der innerhalb der gleichnamigen marinen Senke liegt, streichen die Gradientenzonen NW—SE und E—W. Analog ist auch der Charakter des geomagnetischen Feldes (EFENDIJEWA 1967). Ähnliche Streichrichtungen weisen die auf dem Baltischen Schild bekannten, aber überdeckten Zonen mit karelisch-svekofennischer Faltung auf.

Im Dänisch-Polnischen Aulakogen überwiegen Anomalien mit Nordwestorientierung. Da dies der

Aus: Isw. Akad. nauk, Ser. Geol., Heft 3, 1970, S. 70—81.
Übers.: E. RIPPEL.
Wissenschaftliche Bearbeitung: Dr. RUDOLF MEIER, Potsdam.
Zwischenüberschriften von der Redaktion.

Hauptstreichrichtung der assyntischen Karpatengeosynklinale entspricht, könnte man darin einen Hinweis auf ihre Fortsetzung in den Tafelbereich sehen.

Das geophysikalische Feld der Nordsee-Syneklise besitzt einen besonders komplizierten Charakter. In ihrem Südteil sind die Anomalien nordwestlich und nordöstlich orientiert; im Ostteil wechselt die Anomalienrichtung auf annähernd N—S. Mit Annäherung an die Norwegische Rinne weichen sie stärker nach Westen ab und können dann entlang dem Atlantischen Schelf Skandinaviens verfolgt werden. Mit der Norwegischen Rinne ist eine intensive positive Schwereanomalie verbunden, die von Süden und Südwesten Strukturen des Baltischen Schildes und auch die Kaledoniden der Skandinavischen Halbinsel umschließt. In der westlichen Nordsee verlaufen die Anomalien in Ost—West- und westnordwestlicher Richtung, was wahrscheinlich auf eine submarine Fortsetzung assyntischer und kaledonischer Faltenkomplexe Englands hindeutet.

Die erläuterten Schwerefeldverhältnisse zeugen von den komplizierten, nicht endgültig geklärten räumlichen Beziehungen verschiedenalter Faltungskomplexe im Fundament der Nordsee-Syneklise. Begründet ist die Vermutung, daß die Granitschicht im marinen Syneklisenanteil fehlt oder merklich ausdünnt (IWANOW 1968). Möglich ist auch, daß eine Verbindung zwischen den Kaledoniden Großbritanniens und Skandinaviens nicht besteht und daß die Eria-Tafel einen Megablock der Europäischen Tafel darstellt, der in den Atlantischen Ozean abgesunken ist. Darauf weisen auch die Magnetanomalien auf dem Norwegischen Schelf hin, die senkrecht zum Verlauf der assyntischen und kaledonischen Geosynklinale angeordnet sind (AVERY u. a. 1968). Zonen mit steilen Anomaliengradienten sind Ausdruck von Fundamentstörungen verschiedener Tiefenlage, Orientierung und Ausdehnung. Derartige Störungen lassen sich nach genetischen Merkmalen in zwei Kategorien unterteilen, in subkrustale und krustale (BORISSOW 1962; TSCHIRWINSKAJA 1966). In Hinblick auf ihre Orientierung kann man sie in drei Systemen vereinigen: in das herzynische (NW—SE), in das rheinische (NNE—SSW) und in das erzgebirgische (NE—SW). Eine ähnliche Gruppierung der Störungen wurde auch schon früher vorgenommen (MÖBUS 1966, STILLE 1949 u. a.).

Zur subkrustalen Kategorie gehören Nahtzonen, die die Tafel selbst und in ihr gelegene Gebiete mit verschiedenaltriger Konsolidierung begrenzen. Die krustalen Störungen sind ziemlich weit verbreitet und bestimmen die Untergliederung des gefalteten Fundaments in Blöcke verschiedener Größe. Sie blieben während der gesamten geologischen Geschichte lebendig, verursachten den heutigen Strukturplan eines Gebietes und kommen im sedimentären Deckgebirge als Flexuren, Zonen steiler Mächtigkeitsgradienten u. ä. zum Ausdruck.

Das aus den verschiedenen Gebieten bekannte Faktenmaterial ist nicht von gleicher Aussagekraft. Bei Berücksichtigung von Berichten über die Tiefenlage verschiedener Deckgebirgshorizonte in Westeuropa und der Zechsteinbasis im Bereich der Nordsee läßt sich die Beziehung zwischen gehobenen und abgesunkenen Blöcken untereinander und für das Gesamtgebiet mit Hilfe von Stützhorizonten erklären (Abb. 2).

2. Die Baltische Syneklise

Die Baltische Syneklise stellt in der heutigen Erdkrustenstruktur ein großes Absenkungsgebiet dar, das zwischen der Estnischen Hemianteklise, der Belorussischen Anteklise und der Randzone des Baltischen Schildes liegt. Ihr größerer, östlicher Teil befindet sich auf dem Festland, der westliche gehört zur Ostseesenke. Als charakteristische Baumerkmale sind ihre etwa N—S gerichtete Achse und das ungefähre E—W-Streichen der tektonischen Zonen am Ost- und Westrand hervorzuheben. Kompliziert ist die Beziehung zwischen den inneren Strukturformen des Fundaments, den Bewegungen der Blöcke an altangelegten und postum wirksamen Störungssystemen und den großen meridionalen Krustenhebungen und -absenkungen.

Auf dem Festland ist die Fundamentoberfläche durch geophysikalische Arbeiten und Bohraufschlüsse relativ gut bekannt. Sie fällt von der Estnischen Hemianteklise nach Süden, von der Belorussischen Anteklise nach Nordwesten und Südwesten sowie vom Randgebiet des Baltischen Schildes nach Osten verhältnismäßig flach ab, auf 500—1000 m bis zu 2500 m im Nord- und auf 6000 m im Südteil der Syneklise. Beide Gebiete werden durch eine Querzone, die sogenannte Njemen-Nahtzone, getrennt (FAJTELSON 1960 u. a.). Die Njemen-Zone verläuft vom Nordostwinkel der polnischen Staatsgrenze zum Kurischen Haff und weiter bis in die Ostsee, wo sie durch die Meeresseismik bestätigt wird (LEWTSCHENKO & MARTYNOWA 1965).

Am Ostrand der Syneklise wird das belomoridische Estnische Massiv durch die tektonische Zone von Liepāja—Saldus[1]) von einem Zweig der Kareliden getrennt, in ihr verlaufen die Strukturen etwa erzgebirgisch. Sie bildet die Südgrenze der Estnischen Hemianteklise, bei einer Tiefenlage des Fundaments von 1200—1500 m. Unmittelbar südlich von ihr ist die Mažeikiai—Kurische Zone entwickelt. Sie liegt im Bereich von Störungen, die mit dem Geosynklinalzweig der Kareliden verbunden sind. Innerhalb der Ostsee wechselt das ungefähre E—W-Streichen dieser Zone in die NW—SE-Richtung und geht kulissenförmig in eine vermutete Gotländische Zone über. In dieser steigt das Fundament von —2000 m auf —1000 m an, zugleich stellt sie den Nordwestrand der Baltischen Syneklise dar. Die in Verlängerung der Gotländischen Zone, westlich der Insel Gotland, im Bereich der Ostsee auftretenden und NW—SE streichenden Vorkommen proterozoischer Gesteine sind ein Hinweis auf ihre Existenz. Die nördlich von Gotland gelegene Rinne dürfte auf Störungen zurückzuführen sein (HURTIG 1962, MARTINSSON 1958), was auch durch das gravimetrische Bild bestätigt wird (Abb. 1).

Südlich der Mažeikiai—Kurischen Zone sind die Klaipéda—Telšiai- und die bereits erwähnte Njemen-Zone entwickelt. Die Njemen-Zone ist die am intensivsten abgesenkte tektonische Zone der nördlichen Baltischen Syneklise. In ihr liegt die Fundamentoberfläche bei etwa —2500 m. Der Westrand der Syneklise ist weit weniger erforscht. Geomorphologische und lückenhafte geologisch-geophysikalische Angaben unterrich-

[1]) An dieser Stelle und fernerhin ist unter dem Begriff tektonische Zone ein System von subparallelen Dislokationen der Tafel zu verstehen, die im Maßstab des beiliegenden tektonischen Schemas schwer zu differenzieren sind.

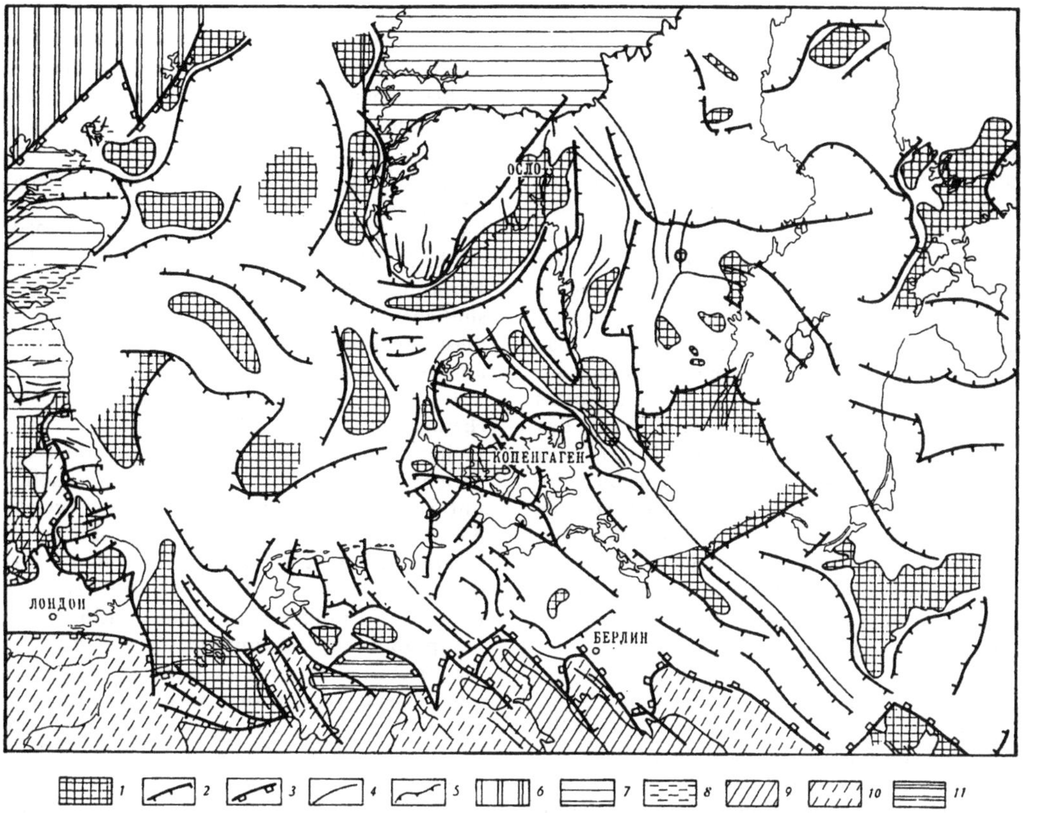

Abb. 1. Schema der gravimetrischen Anomalien im Westen der Europäischen Tafel (zusammengestellt unter Verwendung der tektonischen Karte Europas)

1 — positive Anomalien; 2 — Schwerkraftgradientenzonen; 3 — dito, jedoch im Bereich der Tafelrandnähte; 4 — Störungen, festgestellt durch geologische Methoden; 5 — Überschiebungen der Kaledoniden; 6 — Eria-Tafel

Kaledoniden: 7 — oberflächige Verbreitung; 8 — verdeckt unter sedimentärem Deckgebirge

Varisziden (darunter auch Kaledoniden von Brabant und Südengland): 9 — oberflächige Verbreitung; 10 — verdeckt unter sedimentärem Deckgebirge 11 — Randsenke der Varisziden

ten über die allgemeinen Züge seines Baus. Nach der Lage der Fundamentoberfläche auf den Inseln Gotska Sandö, Gotland und Öland (bei —230, —438 bzw. —160 m) dürfte der Abhang des Baltischen Schildes ungefähr am Ostrand Gotlands liegen. Als eigentlicher Syneklisenwestrand wird die verhältnismäßig schmale Stufe zwischen der 1000- und 2000-m-Isobathe des Präkambriums angenommen. Seine flache Einsenkung nach Osten wird durch eine Serie vermuteter und vorhandener NW, E—W und NE streichender tektonischer Zonen kompliziert (Abb. 2). Die tektonischen Zonen von Łeba, Nexö und Bornholm könnten westliche Fortsetzungen der Njemen-Zone sein. Sie alle sind stufen- und kulissenartig verbunden. Am stärksten herausgehoben ist die Zone von Nexö, am tiefsten abgesunken ist die Łebaer Zone.

Das größte Strukturelement der südlichen Baltischen Syneklise ist die Gdańsker Senke. Die ältesten Gesteine, die in ihr erschlossen wurden, zählen zum Silur und liegen in Teufen von ca. 2000 m (Bohrung Pasłęk). In ihrem Südteil wurde in 3000 m Tiefe Devon erschlossen (Bohrung Chojnice). Unter Berücksichtigung einer Mächtigkeit von 2000 m für das untere Paläozoikum im Norden der Syneklise könnte man die Fundamentoberfläche in der Gdańsker Senke bei —6000 m vermuten. Im Norden wird die Gdańsker Senke von der Łebaer Zone begrenzt, in der das Fundament in Teufen von —2500 bis —4000 m lagert (Bohrung Łeba 1, Łeba 2 u. a). Von Südwesten her tauchen in diese Senke die tektonischen Zonen von Bornholm und Chojnice ab. Sie gehören zum gehobenen Bereich des Dänisch-Polnischen Aulakogens, der TORNQUISTschen Linie. Auf Bornholm streicht das Fundament oberflächig aus, während es in der Zone von Chojnice auf Teufen von ungefähr 4000 m absinkt. Die TORNQUISTsche Linie trennt die Baltische Syneklise insgesamt von dem Dänisch-Polnischen Aulakogen.

3. Die Nordsee-Syneklise

Die Nordsee-Syneklise ist eine relativ stabile Tafelstruktur, sie unterscheidet sich von der Baltischen Syneklise hauptsächlich durch die Amplitude und den zeitlichen Ablauf der Krustensenkungen. Sie liegt zwischen der Brabanter Monoklinale, der Londoner Hemianteklise (Südmidland-Erhebung nach A. A. BOGDANOW), den Varisziden und Kaledoniden von Großbritannien im Westen, dem Dänisch-Polnischen Aulakogen im Osten, den europäischen Varisziden im Süden und Südosten sowie dem Baltischen Schild im Norden (Abb. 2). Zu dieser Syneklise gehört auch das aus der Literatur als Norddeutsche Senke bekannte Absenkungsgebiet. Aus dem Nordseebecken, das einen großen Teil der Syneklise umfaßt, sind eine Reihe großer Strukturelemente bekannt geworden, und zahlreiche Veröffentlichungen beschäftigen sich mit seinen tektonischen Verhältnissen einschließlich des Rahmens (FABER 1960, HEYBROCK & HAANSTRA 1962 u. a.).

In Zentralengland erschlossen Bohrungen das Fundament zwischen —250 m (Londoner Hemianteklise) und —3600 m (Nordsee-Syneklise). Am Syneklisenostrand wurde das präkambrische Fundament nur durch die Bohrung Westerland 1 bekannt. Seine Oberfläche liegt hier bei — 3940 m (KING 1966). Verläßliche Daten über die Fundamenttiefenlage im Nordseebereich wurden durch tiefenseismische Erkundungen durch KMGW und magnetische Aufnahmen gewonnen. Danach liegt das Fundament im Westen bei 5 km, im südlichen und zentralen Teil bei 9—10 km (COLLETTE 1966/67, SANDER & HUMPHREY 1965 u. a.). Da sich das Fundament stufenförmig von den Randgebieten zum Nordteil der Syneklise absenkt, dürfte sich hier die Mächtigkeit der aus verschiedenen randlich zur Nordsee stehenden Bohrungen bekannten stratigraphischen Deckgebirgseinheiten stark erhöhen und die Fundamentoberfläche in 10000—14000 m Tiefe zu erwarten sein. Die Berechnung der Tiefenlage magnetischer Störkörper führte zu analogen Werten (IWANOW 1966).

Das Hauptmerkmal der Nordsee-Syneklise bildet die postume strukturelle Beziehung zwischen Fundament, Präzechsteinablagerungen und den Lagerungsverhältnissen im Postzechstein. Abweichungen vergrößern sich mit Zunahme der Zechsteinmächtigkeit.

Die Strukturelemente von Fundament und Präzechstein werden durch Störungssysteme unterschiedlicher Orientierung begrenzt. Sie verlaufen in Zentralengland E—W, ändern aber nach Osten zu, innerhalb der Nordsee, in die herzynische Richtung ab. Nach Anomaliengradienten physikalischer Felder sind ihre Fortsetzungen in Nahtzonen zu sehen, die Blöcke der europäischen Varisziden begrenzen (Ardennen und Rheinisches Schiefergebirge). Als Folge der Blockbewegungen bildeten sich an den Störungen große gehobene und abgesenkte Strukturelemente, zu ihnen gehören die tektonischen Zonen der Doggerbank (mittlere Erhebung der Nordsee nach A. A. BOGDANOW), von Brabant und Utrecht—Amersfoort (Bestandteile des Roertal-Grabens und des Horstes von Pil), des Niederländischen Walles, ebenso die Englische Senke und der Große Graben.

Die Doggerbank-Hebungszone verläuft ungefähr E—W bis NW—SE. Ihre Form ist im Querschnitt asymmetrisch; denn der Nordflügel zeigt steiles, der Südflügel flaches Einfallen. Der Flexur im Nordflügel entspricht eine deutliche Gradientenzone im Gravitationsfeld. Die Doggerbank-Hebungszone ist 300 km lang und 100—120 km breit. Die Seeseismik gibt die Fundamentoberfläche bei 4 km und die Rotliegendoberkante bei 1—2,5 km Tiefe an. In der südlicher gelegenen Englischen Senke befindet sich die Rotliegendoberfläche zwischen 3000 und 4000 m Tiefe, das Karbon ist in ihrem am stärksten gehobenen Teil in einer Teufe von 3300 m erschlossen. Eine geneigte Fläche, parallel der die Fundamentoberfläche mit 10°—12° einfällt, trennt die Englische Senke und die Londoner Hemianteklise. Im Südwesten der Nordsee-Syneklise liegt die Brabanter Monoklinale, wo das Karbon im Bereich einer Flexur bei ca. 1300 m und im oberen Flexurteil vermutlich kambrische Bildungen bei 500—550 m erschlossen wurden (FABER 1960; KING 1966). Der Bau des Großen Grabens und der Hebungszone von Utrecht—Amersfoort ist nach Angaben holländischer Geologen deutlich umrissen (FABER 1960). Im Großen Graben, einer schmalen Störungsstruktur, sind die Karbonablagerungen um 2500 m abgesenkt. Zu den Zonen von Utrecht—Amersfoort zählt eine Serie von linearen Tafeldislokationen, die nach NW einfallen (Abb. 2). Die Englische Senke trennt die nördliche Periklinale der Utrecht—Amersfoorter Zone von der südlichen Flanke der Doggerbank-Hebungszone. Alle diese Strukturelemente können offenbar als altangelegt angesehen werden.

Im Osten der Syneklise sind Störungssysteme mit rheinischer Streichrichtung (NNE) entwickelt. In Holland und Westdeutschland dominieren herzynisch gerichtete Störungen. Sie begrenzen Schollen, die etwa mit den Tiefennähten zusammenfallen, welche u. a. auch die variszischen Schollen des Teutoburger Waldes, des Harzes, der Lausitz und der Sudeten begrenzen. Bedeutsame in diesem Gebiet auftretende Fugen sind u. a. als Frankonische Linie, Elbelinie, Lausitzer Hauptabbruch bekannt (MÖBUS 1966). Neben den beschriebenen Störungssystemen (Längssystemen) sind auch Querstörungen weit verbreitet, die in der Nordsee sowohl herzynisch als auch erzgebirgisch gerichtet sein können, während auf dem Festland, in Nähe der Varisziden, erzgebirgische dominieren.

Auskunft über die Tiefenlage von Deckgebirgshorizonten vermittelt in diesem Syneklisenbereich die Verteilung von gehobenen und abgesunkenen Blöcken (Abb. 2). So wurden Karbonablagerungen im Norden der Groninger Zone in 4200 m Tiefe erbohrt, während in der Sudetischen Senke in dieser Teufe noch Perm liegt. Unterpermablagerungen wurden in der Deutschen Bucht bei 4610 m, in der Schleswig-Holstein-Senke bei 5300 m[2]), auf dem „POMPECKJschen Wall" in einer Teufe von 3400 m und auf dem Ostelbischen Massiv bei 4000—4500 m angetroffen. Nach geophysikalischen Angaben sind sie in der Norwegischen Hebungszone bei 1000—2500 m, in der Groninger Zone bei 3600 m, in der Friesischen Senke bei 5500—6000 m und in der tektonischen Zone der Zentralen Nordsee bei 2500 bis 4000 m zu vermuten (BUNGENSTOCK 1965, HEYBROCK & HAANSTRA 1967). Diese Materialien erlauben die Vorstellung, daß sich die Oldenburger Zone nach Norden bis zum Ringköbing-Fünen-Hoch fortsetzt und ein meridionales Trennelement zwischen den großen negativen Strukturen Schleswig-Holsteins und der Deutschen Bucht bildet. Das Ostelbische Massiv stellt in seiner Präzechsteinstruktur eine relativ flache Stufe dar, die zwischen den gehobenen variszischen Blöcken im Südosten und der Schleswig-Holstein-Senke liegt. Das Fundament wird hier bei 7 km vermutet (PUTZIGER 1966). Als eine analoge Stufe ist der „POMPECKJsche Wall" anzusehen, der die südliche Begrenzung der Schleswig-Holstein-Senke bildet.

Die Fakten und die Analyse physikalischer Felder machen die grundlegenden Strukturelemente der Nordsee-Syneklise (Abb. 2) wie auch die Lage ihrer Achse

---

[2]) Zur Schleswig-Holstein-Senke sind die Westschleswig-, Ostholstein- und Mittelholstein-Blöcke vereinigt (v. GAERTNER 1964, DORN 1960 u. a.).

Zeitschrift für angewandte Geologie, Bd. 17 (1971), Heft 9

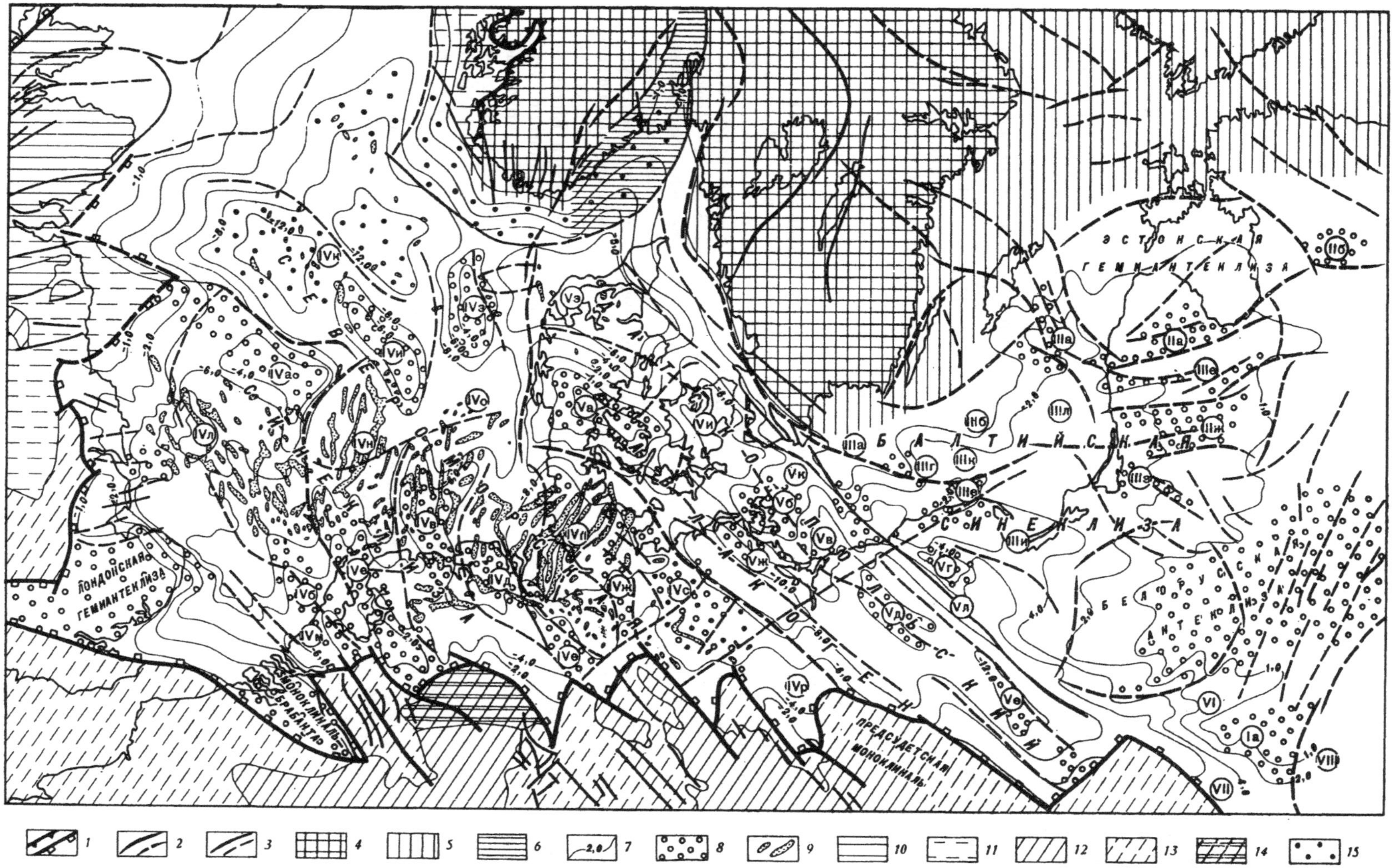

Abb. 2. Tektonisches Schema der Baltischen und der Nordseesenke [zusammengestellt unter Verwendung der tektonischen Karte von Europa (1964) sowie von Materialien des Wiss. Allunionsinst. f. Meeresgeologie (WNIIMORGEO), von Spezgeofisik, S. v. BUBNOFF, F. DANNING, P. DORN, J. ZNOSKO, T. SORGENFREI, W. S. SHURAWLEW, H. KÖLBEL, R. MARSTON, W. POŻARYSKI u. a.]

Europäische Plattform: 1 – Grenzen der Europäischen Plattform und Überschiebungen der Skandinavischen Kaledoniden; 2 – **Nahtzonen zwischen verschiedenaltrigen Komplexen des Fundaments:** a – festgestellt; b – vermutet; 3 – **Störungen im Fundament;** a – festgestellt; b – vermutet; 4 – Baltischer Schild; 5 – Randzone des Baltischen Schildes: 6 – Oslo-Graben; 7 – Isobathen der Fundamentoberfläche; 8 – Hebungszonen im sedimentären Deckgebirge; 9 – Salzstöcke und -antiklinalen. **Kaledoniden:** 10 – oberflächige Verbreitung; 11 – verdeckt unter sedimentärem Deckgebirge. **Varisziden** (darunter auch die Kaledoniden von Brabant und Südengland): 12 – oberflächige Verbreitung; 13 – verdeckt unter sedimentärem Deckgebirge; 14 – Randtröge; 15 – Gebiete mit stark abgesunkener oder reduzierter Granitschicht, nachgewiesen und vermutet

Strukturelemente: Belorussische Anteklise, in diesem Fall: Ia – Ratnensker; Estnische Hemianteklise mit den tektonischen Zonen: Liepāja–Saldus, IIb – Loknowsker. Baltische Syneklise mit den tektonischen Zonen von: IIIa – Gotland, IIIb – Ottenby, IIIc – Łeba, IIId – Nexö, IIIe – Bornholm, IIIf – Mažeikiai–Kurische Zone, IIIg – Klaipėda–Telšiai-Zone, IIIh – Njemen-Zone, IIIi – Gdańsker Senke, IIIj – Südbaltische Senke, IIIk – Ostbaltische Senke. Nordsee-Syneklise: IVa – Doggerbank-Zone, IVb – Utrecht–Amersfoorter Zone, IVc – Niederländischer Wall, IVd – Groninger Zone, IVe – Oldenburger Zone, IVf – POMPECKJsche Schwelle, IVg – Hamburg–Ülzener Zone, IVh – Norwegische Zone, IVi – Zentrale Nordsee mit den Senken: IVk – Devils-Hole- und IVl – Englische Senke, IVm – Großer Graben; IVn – Friesische Senke, IVo – Deutsche Bucht, IVp – Schleswig-Holsteinische Senke, IVq – Sudetische Senke, IVr – Ostelbisches Massiv; Dänisch-Polnisches Aukalogen mit den tektonischen Zonen: Va – Ringköbing–Fünen-Hoch, Vb – Rügener Zone, Vc – Kołobrzeger Zone, Vd – Chojnicer Zone, Ve – Pommerisch-Kujawische Zone, Vf – Rawa–Gelnewsker Zone, Vg – Szczecin–Mecklenburger Senke, Vh – Norddänische Senke, Vi – Süddänische Senke, Vk – Justa, Vl – Pommerisch–Warschauer Senke. Große Senken: VI – Podlasker Senke, VII – Lubliner Senke, VIII – Lwower Senke deutlich. Diese Achse verläuft in nordwestlicher Richtung von der Sudetischen über die Schleswig-Holstein-Senke und die Deutsche Bucht (wahrscheinlich in die Gegend der nach dem Meeresbodenrelief vermuteten Devils-Hole-Senke). In diesen Senken liegt die Fundamentoberfläche in Tiefen von etwa 6000 m, 8000 bis 10000 m und 10000—14000 m. Die Senken werden durch sattelartige Strukturen voneinander getrennt, mit diesen sind sie durch Querstörungen verbunden und stellen selbst große Stufen dar, die im nordwestlichen Teil der Nordsee ausklingen.

Die Nordsee-Syneklise ist eine asymmetrische Strukturform mit flachgeneigtem westlichen und wesentlich steilerem östlichen und südöstlichen Rand. Starke Fundamentabsenkungen in der östlichen Syneklise führten zur Akkumulation mächtiger Zechsteinevaporite und später zur Bildung von Salzstöcken und -antiklinalen.

4. Das Dänisch-Polnische Aulakogen

Das Dänisch-Polnische Aulakogen unterscheidet sich in Entwicklung und im Bau von den stabileren Tafelelementen der Baltischen und der Nordsee-Syneklise. Im Aulakogen dominieren herzynisch streichende Störungen, an denen es im Paläozoikum einsank, und zwar anscheinend seit spätripheischer Zeit, während es in mesozoisch-känozoischer Zeit gehoben wurde. Große Bedeutung haben auch rheinisch orientierte Störungen, die nicht nur die kulissenförmige Anordnung der Strukturelemente bedingen, sondern auch die Entstehung von Quersenken hervorriefen. Im Südwesten wird das Aulakogen von der Subsudetischen Monoklinale, dem Ostelbischen Massiv und der Schleswig-Holstein-Senke begrenzt. Im Nordosten sind die Dänische Senke, die Zone von Bornholm—Chojnice, der Baltische Schild und die Belorussische Anteklise als Grenzelemente anzusehen. In der spätbaikalischen Epoche könnte auch das Gebiet des heutigen Heiligkreuzgebirges zum Aulakogen gehört haben, bevor es in die paläozoische Orogenese einbezogen wurde. Hinweise für eine assyntische Faltung hat POŻARYSKI (1968) festgestellt. Das Aulakogenfundament erreichten erst wenige Bohrungen auf dem Ringköbing-Fünen-Hoch und am Abhang der Norddänischen Senke (SORGENFREI 1966). Es liegt hier in Teufen von 800—1800 m bzw. von 1000—1700 m und 2000—2500 m. Weitere Hinweise auf die Fundamenttiefe vermitteln seismische Profile.

Am Südrand der Norddänischen Senke tritt in 5 km Tiefe ein Reflektor auf, der als Granitschichtoberkante gedeutet wird (HIRSCHLEBER u. a. 1966). Für die Rawa—Gelnewsker Senke ist das Fundament in Teufen von mehr als 12 km zu erwarten (WOJTEZAK-CADOMSKA u. a. 1964). Danach erreicht also die Absenkung der gefalteten Aulakogenbasis im Unterschied zu den Verhältnissen in der Baltischen und der Nordsee-Syneklise sowie des Baltischen Schildes nicht weniger als 4—6 km, sie kann aber in Teilgebieten auch 10—12 km betragen. Die Grenzen des Aulakogens werden jedoch nicht allein durch die Absenkungsteufe bestimmt. Es muß auch berücksichtigt werden, daß die Streichrichtung der Schleswig-Holstein-Senke und des Ostelbischen Massivs quer zum Aulakogenverlauf gerichtet ist (Abb. 2). Einzelne erzgebirgisch streichende Störungen durchschneiden das Aulakogen, setzen sich weit nach Nordosten fort und erzeugen so eine Verbindung zwischen Nordsee- und Baltischer Syneklise. Das Ringköbing-Fünen-Hoch wird deshalb zum Aulakogen gerechnet, weil es nicht nur eine andere Streichrichtung, sondern auch eine andere Bewegungstendenz als die Schleswig-Holstein-Senke aufweist.

Längs der Westküste von Jütland gibt es ein System von kulissenartigen Nähten mit rheinischer Streichrichtung, die die Grenze zwischen Aulakogen und Nordsee-Syneklise darstellen. Interessant sind die heutigen Beziehungen zwischen den Strukturen entlang dieser Grenze. So dürfte die Differenz zwischen den Fundamenttiefen auf dem Ringköbing-Fünen-Hoch und der Deutschen Bucht mindestens 8 km betragen und die Norddänische Senke um 6—7 km gegenüber der Norwegischen Zone abgesunken sein. Für das frühe Paläozoikum ist mit einer anderen Situation zu rechnen. Das Aulakogen könnte im Bereich der Achsenzone eine etwa Ost—West streichende über die Devils-Hole-Senke bis zu den Kaledoniden Schottlands reichende Senkungszone gewesen sein. Diese Vermutung steht jedoch nicht mit Ansichten über ein kaledonisches Alter des Fundaments im Aulakogen in Beziehung (J. ZNOSKO u. a.); sie betrifft nur die während der Tafeletappe von den Strukturelementen erlittenen Bewegungen.

Vom Nordostrand des Dänisch-Polnischen Aulakogens sind einige gehobene (Paraantiklinorien nach J. ZNOSKO u. a.) und abgesunkene Strukturelemente bekannt. Zu ihnen gehören die Pommerisch—Kujavische, die Kołobrzeger, die Rawa—Gelnewsker, die Szczecin—Mecklenburger Zone wie auch die Pommerisch—Warschauer und andere Senken (ZNOSKO 1964; POŻARYSKI 1960). Durch Kontraktionsprozesse, die die Karpatengeosynklinale während der Kreide betrafen und die auch die angrenzenden Gebiete von der Dobrudscha bis Rügen erfaßten, wurden die genannten tektonischen Elemente laramisch zum Mittelpolnischen Antiklinorium vereinigt (POŻARSKI & TOMCZYK 1968). Die Strukturpläne des sedimentären Deckgebirges sind ziemlich kompliziert. Die steilen Flexurflanken sind 10—15°, manchmal bis 50° geneigt; bekannt sind auch Dichtesprünge (KÖLBEL 1964; SOKOŁOWSKI & ZNOSKO 1960). Den Hebungszonen im Postzechstein entsprechen starke Absenkungen der Fundamentoberfläche. Ganz ähnlich ist der Deckgebirgsbau in dem ebenfalls zur Europäischen Tafel gehörenden Patschelma-Aulakogen.

Die Bohrung Arkona (Rügener Hebungszone) erschloß das Ordovizium in etwa 1000 m Tiefe. In Begrenzungselementen des Aulakogens wurden Permablagerungen in Tiefen von 3458 m (Norddänische Senke) und 3065 bzw. 3977 m (Szczeciner Mulde) sowie Triasbildungen bei 2340 m bzw. 2290 m erreicht. Eine Materialanalyse vermittelt den Eindruck, daß die Rügener Hebungszone (Abb. 2) eine Querstruktur im Dänisch-Polnischen Aulakogen darstellt, von der aus die Fundamentoberfläche sowohl nach Nordwesten (Süddänische und Norddänische Senke) wie nach Südosten geneigt ist. Dafür spricht auch das Fehlen von Oberkreide in der Nähe von Kołobrzeg, die in der Szczeciner Mulde 2500 m mächtig wird (DEPOWSKI & POŻARYSKI 1966). Die Gesamtmächtigkeit des Paläozoikums (insbesondere des unteren) beträgt auf Rügen etwa

2000 m, wobei Unterperm, Karbon und Devon auf einigen kleinen Schollen fehlen.

Die strukturelle Lage Rügens ist analog der Saratower Hebungszone im Patschelma-Aulakogen, die dieses in zwei Teile untergliedert, von denen der südöstliche (Karamyschker Senke) in die Prikaspi-Syneklise absinkt. Im Dänisch-Polnischen Aulakogen könnte die zur Nordsee-Syneklise hin absinkende Norddänische Senke mit der Karamyschker Senke verglichen werden. Die südwestlich von Rügen liegende Szczecin—Mecklenburger Zone ist stärker als die Kołobrzeger Zone abgesenkt. Eine mehr als 10 km tiefe Depression in der Fundamentoberfläche trennt sie vom Ostelbischen Massiv.

Das Ringköbing-Fünen-Hoch, kulissenförmig mit Rügen verbunden, stellt das am stärksten gehobene Gebiet im Dänisch-Polnischen Aulakogen dar. Vormesozoische Ablagerungen fehlen auf ihm, in seinem Zentrum lagert das Fundament zwischen 800—900 m Tiefe (SORGENFREI 1966). Die Süddänische Senke trennt dieses Hoch von Skania.[3]) Skania bildet den Nordostrand der Süddänischen Senke, ist gleichzeitig ein Element der TORNQUISTschen Linie, die das Aulakogen begrenzt. Skania wird durch eine deutlich ausgeprägte germanotype Tektonik charakterisiert (kleine Blöcke, Horste, Gräben). Die Grenzen zwischen Ablagerungen verschiedenen Alters verlaufen an NW—SE gerichteten Störungen (RÉGNELL 1960). Die verzweigte Anordnung von disjunktiven Störungen ist hier mit geologischen Methoden kartiert worden. Sie läßt die Fundamentgliederung in kleine Blöcke entlang der ganzen „TORNQUISTschen Linie" vermuten.

Die Norddänische Senke liegt zwischen dem Ringköbing-Fünen-Hoch und dem Südabhang des Baltischen Schildes. Eine flache Aufwölbung mit Fundamentlagen um 1300 m ist als Grenze gegen den Oslo-Graben anzusehen (v. BUBNOFF 1935).

Für die Erdöl-Erdgas-Geologie ist von Bedeutung, daß die sehr mobilen Tafelbereichen angehörenden Aulakogene ein komplizierter aufgebautes sedimentäres Deckgebirge besitzen als die stabilen Megablöcke der Tafel. Die Deckgebirgsstrukturpläne des Patschelma- und Dänisch-Polnischen Aulakogens kann man wie folgt charakterisieren: In ihrem Entwicklungsprozeß treten Inversitäten auf; die Flexuren fallen steil, z. T. mit Werten von 40—50°, ein; Dislokationslinien und einzelne lokale Hochlagen sind kulissenartig versetzt; Auftreten von quer zur allgemeinen Streichrichtung verlaufenden Strukturzonen; und ferner gibt es Merkmale, die auf Ähnlichkeiten der Aulakogene mit den Grenzräumen zwischen Geosynklinale und Tafel hinweisen. M. W. MURATOW & W. E. CHAIN (1968) schließen aus solchen Merkmalen, daß Aulakogene aus intrakratonischen Faltungszonen hervorgingen.

WALJAJEW (1966) berechnete, daß Erdöl- und Erdgaslagerstätten 2,11mal häufiger in den Teilen der Europäischen Tafel auftreten, die ein maximales, über dem Durchschnitt liegendes Schichteinfallen aufweisen. Dies ist verständlich, da dadurch nicht nur der Umfang einer Lagerstätte vergrößert, sondern auch ihre Erhaltung besser gewährleistet wird. Diese Gründe berechtigen, unter Voraussetzung anderer für die Erdöl- und Erdgasakkumulation notwendiger Bedingungen, die Deckgebirgsstrukturen der Aulakogene als sehr perspektivische Gebiete für die Erdöl- und Erdgaserkundung anzusehen.

Die hier veröffentlichten Ergebnisse wurden in Zusammenhang mit Untersuchungen über die Erdöl- und Erdgashöffigkeit in der Ostseesenke gewonnen (LEWIN, ULST u. a. 1968). Sie haben aber über diesen Rahmen hinaus praktische Bedeutung, weil in den Randmeeren der UdSSR (Schwarzes Meer, Ochotskisches Meer u. a.) Sucharbeiten auf Erdöl und Erdgas begonnen haben. Ein Vergleich der tektonischen Umstände, die die Erdöl- bzw. Erdgasakkumulation in marinen Senken bedingen, wird zweifellos Erfolge zeitigen.

[3]) Schonen

Literatur

ALBRECHT, K.: Zur Ausbildung und zum geologischen Bau des Paläozoikums auf Rügen. — Ber. dt. Ges. geol. Wiss., Reihe A, Bd. 12, 1/2, Berlin 1967.

AVERY, O., u. a.: An aeromagnetic survey of the Norvegian Sea. — J. Geophys., vol. 73, 14 (1968).

BOGDANOW, A. A.: Über die tektonische Gliederung der präkambrischen Bildungen im Fundament der Osteuropäischen Tafel. — Westnik Moskowskogo uniwersiteta, serija geologija, Nr. 1 (1967).

— Über den tektonischen Aufbau des Westrandes der Europäischen Tafel. — Westnik Moskowskogo uniwersiteta, serija geologija, Nr. 5 (1968).

BOGDANOW, A. A., & W. E. CHAIN: Die Tektogenese der assyntischen Ära und ihre erdgeschichtliche Bedeutung unter neuen Aspekten. — In H. STILLE: Assyntische Tektonik im geologischen Antlitz der Erde, Isd. Mir (1968).

BORISSOW, A. A.: Über den Tiefenbau der Tafeln auf dem Gebiet der UdSSR. — Sowjetskaja geologija, Nr. 1 (1962).

— Geophysikalische Charakteristik der Tafelgebiete. — Geotektonika, Nr. 3 (1965).

BUBNOFF, S. v.: Geologie Europas. — Teil 1, Leningrad—Moskau 1935.

BUNGENSTOCK, L., L. CLOSS & K. HINS: Geophysikalische Untersuchungen im südlichen Teil der Nordsee. — Erdöl u. Kohle, 6 (1) (1963).

COLETTE, B. J., u. a.: Seismic investigation in the North Sea. — Geophys. J. Roy. Astronom. Soc., vol. 12, 4 (1966/67).

DADLER, R.: Najnowsze profile podloza cechsztynu w pólnochozachodniej Polsce. — Kwart. Geol., T. 11, 3 (1967).

DEPOWSKI, S., & W. POŻARYSKI: Der geologische Bau und die Erdöl-Erdgas-Höffigkeit des polnischen Tieflandes. — Geologija nefti i gasa, Nr. 9 (1966).

DORN, B.: Geologie von Mitteleuropa. — Stuttgart 1960.

EFENDIJEWA, M. A.: Das Relief des kristallinen Fundaments unter der Ostsee nach magnetometrischen Angaben. — Sowjetskaja geologija, Nr. 4 (1967).

FABER, F. J.: Geologie van Nederland. — (1960).

FAJTELSON, A. S.: Die Nutzung der gravimetrischen Erkundungsergebnisse zur Ausscheidung paläostruktureller Hauptelemente in den westlichen Gebieten des sowjetischen Peribaltikums. — Raswedka i promysl. geofisika, H. 36 (1960).

FRANKE, D.: Zu den Varisziden und zum Problem der Kaledoniden im nördlichen Mitteleuropa. — Ber. dt. Ges. geol. Wiss., Reihe A, Geol. u. Paläont., Bd. 12, 1/2, Berlin 1967.

GAFAROW, R. A.: Der Faltenbau des Fundaments der Osteuropäischen Tafel. — Iswestija akademii nauk SSSR, serija geologitscheskaja, Nr. 8 (1963).

GAERTNER, H. R. v.: Das Tafeldeckgebirge auf dem Gebiet der BRD. — In: Tektonik Europas, Moskau 1964.

HEYBROCK, P., & D. A. HAANSTRA: Erdman-Observation on the Geology of the North sea area. Exploration for oil and gas on the continental shelves. — P. D. 9 (11), vol. 7, Mexico 1967.

HIRSCHLEBER, H., J. HJELME & A. SELLEVOLL: A refraction profile through the Northern Jutland. — Geol. Inst. Meddelelse, Nr. 41 (1966).

HURTIG, TH.: Der gotländische Klint. — Geogr. Rdsch., Nr. 12 (1962).

IWANOW, M. M.: Anomale magnetische Felder im Ostteil des Norwegischen Meeres. Thesen zur zweiten wissenschaftlich-technischen Beratung über Meeresgeophysik. — Gelendshik 1966.

IWANOW, S. S.: Der Tiefenbau des kontinentalen Schelfs Nordeuropas nach geophysikalischen Angaben. — Dissertationsthesen, Moskau 1968.

KING, R. E.: Exploration and production in Europe in 1965. — Bull. Amer. Ass. Petrol. Geologists, Nr. 4 (1966).

KÖLBEL, H.: Der Grundgebirgsbau des Nordostteils der DDR im Gesamtrahmen der benachbarten Gebiete. — Bull. Moskauer Ges. Naturforscher (MOIP), otd. geol., Nr. 3 (1964).

LEWIN, L. E., W. G. ULST u. a.: Über die Erdöl-Erdgas-Höffigkeit in der Ostseesenke. — Neftegasowaja geologija i geofisika, Nr. 7 (1968).

LEWTSCHENKO, W. A., & G. P. MARTYNOWA: Über den geologischen Bau der paläozoischen Schichten in der marinen Fortsetzung der Peribaltischen Senke. — Neftegasowaja geologija i geofisika, Nr. 2 (1965).

MARTINSSON, A.: The submarine morphology of the Baltic Cambro-Silurian area. — Bull. Geol. Inst. Univ. Uppsala, t. XXXVIII, Sept. 1958.

MÖBUS, G.: Übersicht über die geologisch-tektonischen Besonderheiten im Aufbau Zentraleuropas. — Iswestija akademii nauk SSSR, serija geologitscheskaja, Nr. 1 (1966).

MURATOW, M. W.: Vergleichende Tektonik des Fundaments alter Tafeln und ihre Entwicklungsgeschichte. — Hochschulnachrichten, ser. geol. i. raswed., Nr. 3 (1966).

MURATOW, M. W., & W. E. CHAIN: Geosynklinalgürtel, orogene Gürtel, Faltengürtel und ihre Wechselbeziehungen in Zeit und Raum. — In Sammelband: Orogene Gürtel, Isd. Nauka (1968).

POŻARYSKI, W.: Das Fundament in Nordwestpolen auf Grund angrenzender Stukturen. – Isd. inostr. literatury (1960).
POŻARYSKI, W., & G. TOMCZYK: Struktur-fazielle Zonen im Paläozoikum Nord- und Ostpolens. – Westnik Moskowskogo uniwersiteta, geologija, Nr. 2 (1968).
PUTZIGER, K., u. a.: Geophysikalische Beiträge zur Erkundung des regionalen geologischen Baues in Norddeutschland. – Geophys. u. Geol., 8, 8, Leipzig 1966.
RÉGNELL, G.: The Lower Palaeozoic of Scandia. – Int. Geol. Congr., XXI Sess., Guide to Excursion Nr. A-22 (1960).
SANDER, N. J., & W. E. HUMPHREY: Why look for oil and gas in the North Sea? – J. Inst. Gas Engin., vol. 5, 7 (1965).
SHURAWLEW, W. S.: Vergleichende Tektonik der exogonalen Senken der Russischen Tafel. – In: Beiträge sowjetischer Geologen zum XXII. Internationalen Geologenkongreß. Problem IV, Gesteinsdeformation und Tektonik, Isd. Nauka (1964).
SHURAWLEW, W. S., & M. E. RAABEN: Die Baikaliden Europas und ihre nachripheische Entwicklungsgeschichte. – In Sammelband: Orogenetische Gürtel, Isd. Nauka (1968).
SHURAWLEW, W. S., u. a.: Räumliche und zeitliche Beziehungen zwischen Uraliden und Voruraliden im östlichen Grenzbereich der Russischen Tafel. – Bull. Moskauer Ges. Naturforscher (MOIP), otd. geol., Nr. 5 (1965).
SOKOŁOWSKI, S. U., & J. ZNOSKO: Eléments principaux de la tectonique de Pologne. – Prace Inst. Geol., t. 30, 2 (1960).
SORGENFREI, T.: Strukturgeologischer Bau von Dänemark. – Geologie, 12, 6, Berlin 1966.
STILLE, H.: Uralte Analogen in der Tektonik Europas. – Z. dt. geol. Ges., Bd. 99 (1949).
TSCHIRWINSKAJA, M. W.: Über die Klassifikation der Bruchstörungen auf dem Gebiet der Ukrainischen SSR (nach geophysikalischen Angaben). – Geophysiksammelband, ukrainisch. Akad. Wiss., H. 15 (1966).
WALJAJEW, B. M.: Das Relief der Fundamentoberfläche und einige Gesetzmäßigkeiten der Lokalisierung der Erdöl- und Erdgaslagerstätten auf der Russischen Tafel. – Bull. Moskauer Ges. Naturforscher (MOIP), otd. geol., Nr. 3 (1966).
WOJTEZAK-CADOMSKA, B., A. GUTERCH & J. UCHMAN: Preliminary results of deep seismic soundings in Poland. – Bull. Acad. Polon. sci., Sér. géol. et géoph., vol. XII, 4 (1964).
ZNOSKO, J.: Zur Frage der Südwestbegrenzung der präkambrischen Tafel Osteuropas. – Bull. Moskauer Ges. Naturforscher (MOIP), otd. geol., Nr. 3 (1964).

Zur Anwendung der Korrelationsanalyse bei der Komplexinterpretation (Erfassung tektonischer Störungen)

GERD OLSZAK, Leipig, & GERALD PESCHEL, Greifswald

Die allgemeine Lösung des Problems der quantitativen komplexen Interpretation verschiedener Kategorien geologischer und geophysikalischer Informationen führt zur Ermittlung des wahrscheinlichsten geologischen Modells des zu untersuchenden Gebiets auf der Grundlage der Durchschnittsbildung derjenigen Mengen geologischer Modelle, die sich jeweils mit den entsprechenden Teilmengen der geophysikalischen Information vereinbaren (PESCHEL & OLSZAK 1971).

Dabei erfolgt die Verknüpfung der verschiedenen geologischen oder geophysikalischen Informationsmengen durch die Multiplikation der diesen Teilmengen entsprechenden A-posteriori-Verteilungen. Es kann nachgewiesen werden, daß sich dieses Verfahren unter der Annahme bestimmter Voraussetzungen für die Verteilung des Rauschens auf die Anwendung der Korrelationsanalyse vereinfacht.

In der Phase der Informationsanalyse ergeben sich weitere interessante Gesichtspunkte für den Einsatz der Korrelationsanalyse zur komplexen Interpretation geophysikalischer Daten. Die Grundvoraussetzung für die gemeinsame Verarbeitung geologisch-geophysikalischer Ergebnisse zur Konstruktion eines geologischen Modells ist eine durch die gemeinsame geologische Quelle bedingte, allgemeine Beziehung zwischen den beiden geophysikalischen Informationskategorien. Dieser allgemeine und zunächst meist unbekannte Zusammenhang kann theoretisch durch eine TAYLOR-Entwicklung beschrieben werden, die bei Vernachlässigung der höheren Glieder in erster grober Annäherung durch ein lineares Gesetz beschrieben werden kann. Beschränken wir uns zudem noch zunächst auf die komplexe Interpretation von geophysikalischen Profilen, so ist es im Rahmen der Informationsanalyse durch Anwendung der Korrelationsanalyse möglich, solche Stellen im Profil aufzufinden, an denen zwischen den beiden betrachteten geophysikalischen Kurven ein linearer Zusammenhang besteht bzw. wo dieser Zusammenhang seinen Charakter ändert.

Eingang des Manuskripts in der Redaktion: 19. 3. 1971.

Die stochastische (statistische) Verbindung zwischen zwei zufälligen Größen A und B tritt gewöhnlich dort auf, wo Faktoren wirken, die auf beide Größen einen kausalen Einfluß nehmen. In bestimmtem Grade existiert damit ein Zusammenhang zwischen den Größen A und B, der über die Korrelationsanalyse zur Interpretation des u. U. nicht offensichtlich erkennbaren gemeinsamen Ausgangsfaktors genutzt werden kann.

Die Ursachen für die Änderung des Charakters des linearen Zusammenhangs zwischen zwei geophysikalischen Kurven können sowohl in strukturellen Parametern des geologischen Untergrunds (z. B. tektonische Störung) als auch in substantiellen Parametern begründet liegen. So existiert beispielsweise bei hydrothermal beeinflußten Gesteinen zwischen Gesteinsdichte und magnetischer Suszeptibilität vorwiegend eine positive Korrelation, während zwischen magnetischer Suszeptibilität und Polarisation dieser Gesteine meist eine negative Korrelation beobachtet wird.

Über die Anwendung der Korrelationsanalyse bei der gemeinsamen Verarbeitung geologischer und geophysikalischer Daten liegt bereits eine Reihe von Erfahrungen vor. Sie betreffen z. T. Aufgaben der Erzerkundung bzw. der Trennung magmatisch-metamorpher Einheiten (G. A. SOLOWJEW 1970). Andere interessante Versuche beziehen sich auf die Verbindung seismischer und gravimetrischer Grenzflächen (ARABADSHI 1967, 1970).

Dagegen fehlen Arbeiten des Einsatzes der Korrelationsverfahren bei der Erfassung tektonischer Störungen in größeren Sedimentbecken und der tektonischen Rayonierung fast völlig.

Die vorliegende Arbeit hat das Ziel, Informationen über tektonische Störungen, die grundsätzlich in geologischen, geophysikalischen und ähnlichen Karten enthalten sein sollen, zu erfassen. Wir gehen von der Annahme aus, daß diese Störungen in den einzelnen Karten visuell nicht oder nur sehr unsicher zu erfassen sind. Es kommt also darauf an, durch Verknüpfung schwacher Einzelsignale ein signifikantes summares Signal zu erhalten. Die einfache Summierung über mehrere „Spu-

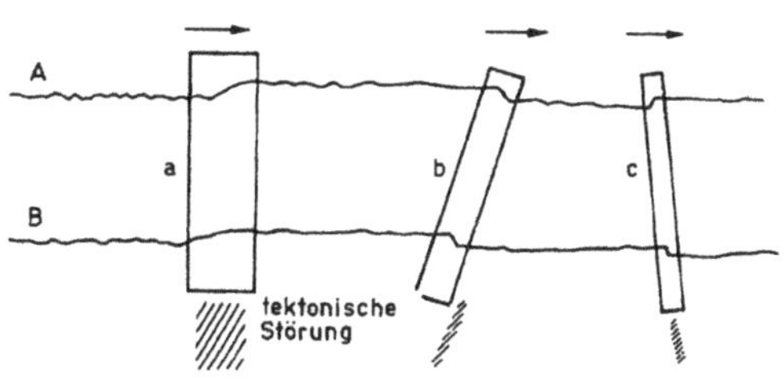

Abb. 1. Schema der mobilen Korrelationsanalyse zur Abtastung mehrerer Informationsspuren
a — Basis 10, Verschiebung 0; b — Basis 6, Verschiebung −3; c — Basis 4, Verschiebung +2

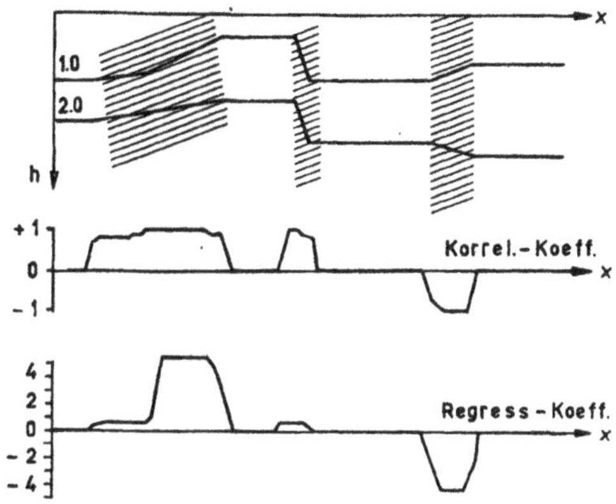

Abb. 2. Anwendung der mobilen Korrelationsanalyse an einem Modell mit tektonisch beeinflußten Informationsspuren

ren“, wie sie z. B. in der Reflexionsseismik (RNP-Verfahren u. ä.) vorgenommen wurde, kann für diesen Zweck nicht verwendet werden.

In dieser Arbeit wird versucht, die Korrelationsanalyse zur Erkennung tektonischer Störungen und anderer vertikaler Grenzflächen einzusetzen. Die dargelegte Methode ähnelt der von UTZMANN (1963) beschriebenen Methode der Korrelation seismischer Spuren zur Konstruktion vektorieller seismischer Profile.

In Abb. 1 ist die gleitende Kollektivbildung für die Berechnung der Kreuzkorrelation bei verschiedenen Werten der Korrelationsbasis und der Verschiebung schematisch dargestellt. Mittels eines Fensters werden die Informationsspuren (*A* und *B*) längs des Profils abgetastet und der Analyse zugeführt. Durch die mögliche Wahl der Fensterbreite (Basis) und der Schrägstellung (Verschiebung) kann das Verfahren an die jeweilige Aufgabe angepaßt werden (Veränderung des Auflösungsvermögens bzw. der Empfindlichkeit, Erfassung des Einfalls tektonischer Störungen u. ä.). Das Verfahren, das von den Verf. als mobile Korrelationsanalyse bezeichnet wird, erfaßt zunächst grundsätzlich zwei Informationsspuren. Reicht die dabei erhaltene resultierende Informationsmenge noch nicht aus, so können sukzessiv weitere Spuren herangezogen werden.

Durch zusätzliche Berechnung des Regressionskoeffizienten werden weitere Informationen über die Art des statischen Zusammenhangs zwischen den betrachteten Informationsmessungen erhalten. Im Beispiel der Abb. 1 sind — stark überhöht — zwei mögliche Informationsspuren dargestellt worden, von denen jede einen Informationsbeitrag zur Situation der tektonischen Störung enthält.

Der erste und zugleich wichtigste Schritt vor dem Einsatz der Korrelationsanalyse ist die Auswahl von (zunächst) zwei geeigneten Informationsspuren. Diese Aufgabe wird einerseits durch den geologischen Auftrag, andererseits durch die längs des Profils zur Verfügung stehenden Informationen bestimmt. In manchen Fällen

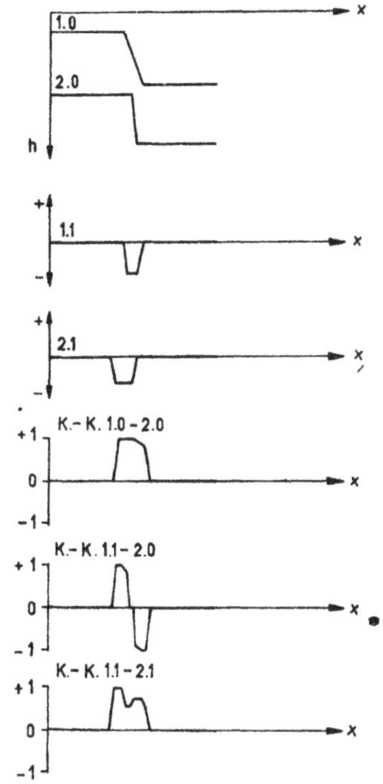

Abb. 3 und 4. Modellrechnungen unter Verwendung von Ableitungen der Informationsspuren in der Korrelationsanalyse

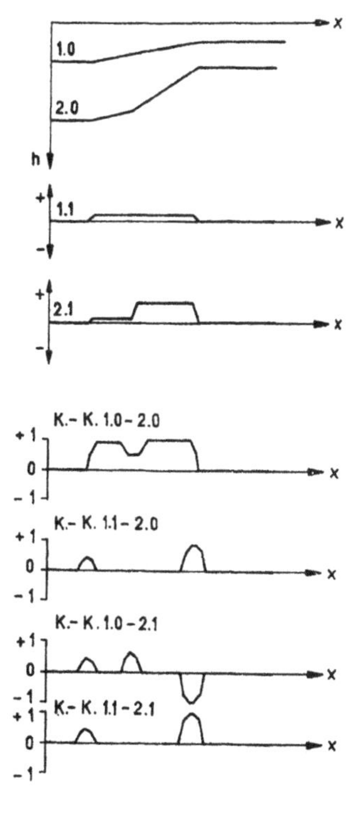

kann es dabei günstig oder erforderlich sein, die Ausgangsdaten besonders zu präparieren, z. B. durch die Bildung von Differenzkurven von Mächtigkeiten, Ableitungen von Potentialkarten u. v. a. Damit kann die Aussageschärfe in vielen Fällen wesentlich erhöht werden. Zugleich besteht die Möglichkeit, durch Kopplung unterschiedlicher Parameter eine schrittweise Tiefengliederung bei der Erfassung der Störung vorzunehmen.

Die Programmierung erfolgte in den Sprachen MOST 1 (ODRA 1013) und FORTRAN.

Die Anwendung der Korrelationsanalyse erfolgte an Modellkurven. Abb. 2 zeigt im oberen Teil als Grundmodell den Verlauf von zwei Informationskurven 1.0 und 2.0 längs der Profilrichtung x. An drei Bereichen des Profils drückt sich die Existenz von vertikalen Diskontinuitäten in den Kurven aus. Die mittlere Kurve der Abbildung zeigt den Verlauf des Korrelationskoeffizienten ($-1 \leqq R \leqq +1$). In der unteren Kurve ist ebenfalls die Variation des Regressionskoeffizienten im Hinblick auf statistische Zusammenhänge in den beiden Ausgangskurven dargestellt

Sowohl Korrelations- als Regressionskoeffizient drükken eindeutig die tektonisch bedingten Vorgänge in den Ausgangskurven aus, die hier durch die schematische Überhöhung selbstverständlich auch visuell in den einzelnen Ausgangskurven zu erkennen sind. Es sei hier bereits darauf hingewiesen, daß die auf zahlreichen natürlichen, z. T. tektonisch sehr komplizierten Profilen durchgeführten Untersuchungen zeigten, daß das entwickelte Verfahren hochempfindlich arbeitet und auf Störungen hinweist, die in den einzelnen Grundkarten nicht zu erkennen bzw. zu vermuten sind.

In den Abb. 3 und 4 wird der Versuch gezeigt, auch die ersten Ableitungen der beiden Ausgangskurven (1.1 und 2.1) für die gleitende Korrelation längs des Profils zu verwenden. Es sind sowohl die Kurven der ersten Ableitungen als auch die Korrelationsanalysen verschiedener Spurkombinationen dargestellt. Sehr deutlich sind die Ereignisse in den Ausgangsspuren auf den Korrelationsspuren wiederzuerkennen: Beginn der Störungszone, Änderung der Schichtneigung, Ende der Störung.

Auf der Grundlage der Modelluntersuchungen erfolgte die Anwendung der Korrelationsanalyse auf zahlreichen

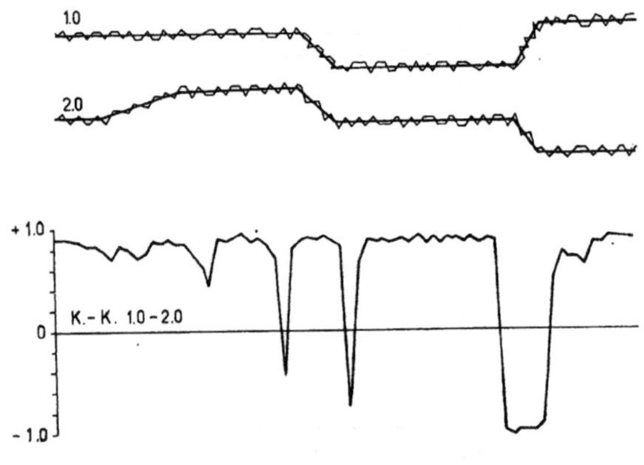

Abb. 5. Modellrechnungen unter Einbeziehung eines „Rausch"-Effekts sowie sich stetig verändernden Grundpegels

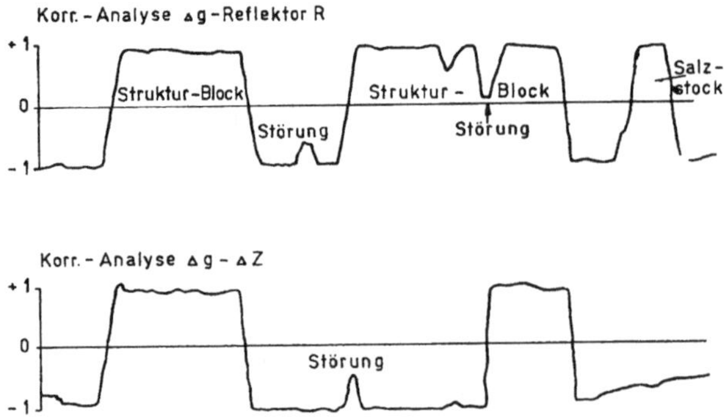

Abb. 6. Anwendung der mobilen Korrelationsanalyse auf einem natürlichen Profil

natürlichen Profilen. Als besonders gut geeignet für die Erfassung tektonischer Störungen und die Abgrenzung größerer Blöcke zeigte sich die Kombination des Verlaufs der BOUGUER-Schwerestörung mit der Tiefenlage des Reflektors R. Damit war es möglich, mehrere bekannte Störungen zu bestätigen und Hinweise auf weitere zu geben.

Allerdings zeigte sich bei der praktischen Anwendung daß die in den Korrelationskurven auftretenden Effekte zwar sehr signifikant in bezug auf Störungen waren, in der Mehrzahl der Fälle jedoch nicht den aus Modellberechnungen bekannten Signalformen entsprachen. Das betraf insbesondere die Beobachtung, daß bei natürlichen Werten fast nie Koeffizienten der Korrelation um den Wert $R \approx 0$ auftraten; der Kurvenverlauf lag vorwiegend in den Bereichen $R = \pm 0{,}85 \ldots 1{,}0$. Dieser Gegensatz konnte durch die Berücksichtigung eines Rauschens beseitigt werden.

Damit wurde eine entscheidende Annäherung des Verlaufs der Meßkurven erreicht. Abb. 5 zeigt eines der auf dieser Grundlage erhaltenen Modellergebnisse. Diese Signalformen entsprechen den unter natürlichen Bedingungen in der Mehrzahl erhaltenen Signalformen.

In Abb. 6 ist der Abschnitt eines Profils dargestellt, auf dem eine komplexe Bearbeitung mit Hilfe der mobilen Korrelationsanalyse erfolgte. Als Ausgangsinformationen wurden das BOUGUER-Schwerefeld, die magnetische Totalintensität und die Tiefenlage des R-Reflektors gewählt. Zur Kombination gelangten einerseits Schwere mit R-Reflektor, andererseits Schwere mit Magnetfeld. Die erhaltenen Kurven kennzeichnen die Lage mehrerer tektonisch relativ einheitlicher Blöcke sowie einige Störungen, in der Kombination Schwere — Reflektor R auch einen Salzstock.

Die z. T. gemeinsame, z. T. selbständige Signalform der gewonnenen Kurven zeigt, daß eine schematische Durchführung und Interpretation nicht möglich ist. Sie zeugt aber auch von der vielseitigen Anwendungsmöglichkeit des Verfahrens.

Als ein Verfahren der Informationsanalyse sind der mobilen Korrelationsanalyse zugleich bestimmte Grenzen der Aussage gesetzt. Sie ist jedoch, insbesondere durch ihre relativ einfache und wenig aufwendige Form, eine Voraussetzung für die Anwendung spezieller und ökonomisch aufwendiger Algorithmen für die quantitative komplexe Interpretation (PESCHEL 1971; PESCHEL & OLSZAK 1971b).

Zusammenfassung

In der vorliegenden Arbeit wird versucht, mit Hilfe der gleitenden Korrelationsanalyse aus geologisch-geophysikalischen Karten Informationen über tektonische Störungen zu erhalten. Als Grundvoraussetzung gilt, daß in den ausgewählten Primärkarten prinzipiell Hinweise — wenn auch oft in visuell nicht erkennbarer Form — enthalten sind. Die an Modellkurven sowie auf natürlichen Profilen erhaltenen Resultate geben sowohl in Korrelations- als auch Regressionskoeffizienten deutliche Informationen auf den tektonischen Blockbau und die mit ihm verbundenen tektonischen Störungen.

Резюме

В предлагаемой работе делается попытка получения с помощью скользящего коппеляционного анализа информации о тектонических нарушениях из геолого-геофизических карт. Основной предпосылкой считается, что в избранных первичных картах принципиально имеются указания, хотя часто в визуально неузнаваемом виде. Полученные на модельных кривых, а также на естественных разрезах результаты как в коэффициентах корреляции, так и регрессии дают отчетливые информации о тектоническом блоковом строении и о связанных с ним тектонических нарушениях.

Summary

An attempt is made by means of the sliding correlation analysis to obtain informations on tectonic faults from geological-geophysical maps. A basic condition is that suitable references are contained in the primary maps chosen for the purpose, even if they cannot often be recognized visually. Results obtained from model curves and natural profiles contain clear informations in both correlation and regression coefficients on the structural position of blocks and faults connected with it.

Literatur

ARABADSHI, M. S.: Konstruktion von Strukturkarten mit der Methode der Korrelationsanalyse am Beispiel des Kaspi-Beckens. — Prikladnaja Geofisika, Nr. 50 (1967).

ARABADSHI, M. S., u. a.: Versuch zur Anwendung mathematischer Methoden in der Geologie. — Verl. Nedra, Moskau 1969.

PESCHEL, G.: Eine allgemeine Lösung für das Problem der quantitativen komplexen Interpretation geophysikalischer Meßergebnisse (Beiträge zur Interpretationsmethodik in den geologischen Wissenschaften). — Z. angew. Geol., Berlin 1971 (im Druck).

PESCHEL, G., & G. OLSZAK: Entwurf einer allgemeinen Theorie der Interpretation geophysikalischer Untersuchungen (Beiträge zur Interpretationsmethodik in den geologischen Wissenschaften). — Z. angew. Geol., Berlin 1971 (im Druck) [1971 a].

PESCHEL, G., & G. OLSZAK: Über ein statistisches Richtungsfilter zur Analyse und Interpretation geologisch-geophysikalischer Karten. — Berlin 1971 (im Druck) [1971 b].

SOLOWJEW, G. A.: Korrelationsverfahren zur Interpretation der Ergebnisse komplexer geophysikalischer Untersuchungen. — Raswedoznaja Geofisika, Nr. 37 (1970).

UTZMANN, R.: Halbautomatisches Korrelieren mit vektoriellen seimischen Profilen. — Freiberger Forsch.-H., Reihe C, Nr. 161.

Geologische Kodierungsschablone

F. P. KRENDELEW

Die Anwendung von Lochkarten für das Aufsuchen, die Systematisierung und Klassifizierung ganz unterschiedlicher Informationen, bibliographischer, numerischer, graphischer und anderer, wird tiefschürfend in speziellen Handbüchern (I. I. GUSELNIKOW & A. F. TURPITIKO 1967, A. N. OLEJNIKOW & JU. I. MICHAJLOWA 1968, S. ROOMETS 1965) und in einer Anzahl von Artikeln dargelegt. Die Anwendung und Auswertung von Lochkarten finden in der geologischen Praxis und auf den verschiedensten Gebieten der geologischen Forschung immer größere Anwendung. Trotzdem befindet sie sich noch im Anfangsstadium, da im Lochkartensystem noch Schwierigkeiten und Fehler stecken. Einer davon ist die unvermeidliche Verwendung mehrerer Schlüssel und Schlüsselkarten (Schablonen) gleichzeitig. Als Beispiel für diese Schwierigkeit soll die Schlüsselkarte (Abb. 1) erwähnt werden, die vom ZGF[1]) für ingenieurgeologische Arbeiten empfohlen wird (OLEJNIKOW & MICHAJLOWA 1968, S. 56).

Bei der Anwendung von Lochkarten empfiehlt es sich, immer mindestens zwei Dokumente zur Hand zu haben:

1. ein Schlüsselkartenmodell mit numerierten Feldern und Paaren von Löchern mit der Angabe, mit Hilfe welchen Schlüssels das Feld kodiert wird. Auf einer solchen Karte müssen die Schablonen der Kodeschlüssel für jedes Feld aufgedruckt sein. In dem Falle, daß von vornherein keine Vordrucke vorhanden sind, muß man einen Satz Schablonen haben;

2. ein Verzeichnis von Merkmalen und deren Einteilung in Gruppen mit Hinweisen, welche Merkmalsgruppe jedem Feld entspricht. Dieses Dokument wird als Deskriptorenliste bezeichnet.

Es wäre jedoch einfach, jenen beizupflichten, die es abschreckt, ständig diese Dokumente bei sich zu haben. Den Geologen würde es zunächst genügen, die notwendigen informatorischen Zusammenfassungen zu erhalten, die der bisherigen Art entsprechen (allgemeine Bibliographie).

Der Zweck der vorgeschlagenen Kodierungsschablone besteht darin, die standardisierte Lochkarte mit vornumerierten Feldern und paarweise angeordneten Löchern innerhalb dieser Felder zu verwenden. Die Kodekombinationen der Kerben sind in einer bestimmten Reihenfolge in verschiedenen Schlüsseln und Merkmalsverzeichnissen zusammengestellt. Als eine solche Zusammenstellung muß man auch die Kodierungsschablone betrachten, die in sich ein Deskriptoren- und ein Kodeverzeichnis vereinigt.

Im folgenden soll die standardisierte Lochkarte vom Typ K-5 (Abmessungen: 207×147 mm; 107,5 Lochpaare, aufgeteilt in 24 Felder mit je vier Paaren) beschrieben werden. Die vom Verf. verwendete standardisierte Lochkarte wurde etwas modernisiert (Abb. 2), worüber später eingehend berichtet werden soll. Das vorgegebene Kodierungsprinzip ist jedoch auch für beliebige andere Typen von Kerblochkarten anwendbar.

In einem beliebigen Schlüssel werden Buchstaben oder Ziffern durch eine oder mehrere Kerben kodiert. In Karten mit doppelter Randperforation können diese Kerben kurz, lang oder schlitzförmig sein (Abb. 3).

Aus: „Geologija i geofizika", Nr. 3, 1970, S. 89–94. Übers.: Dipl.-Min. ANNEMARIE KRÜGER, ZGI, Berlin.

[1]) Zentraler Geologischer Fonds der UdSSR.

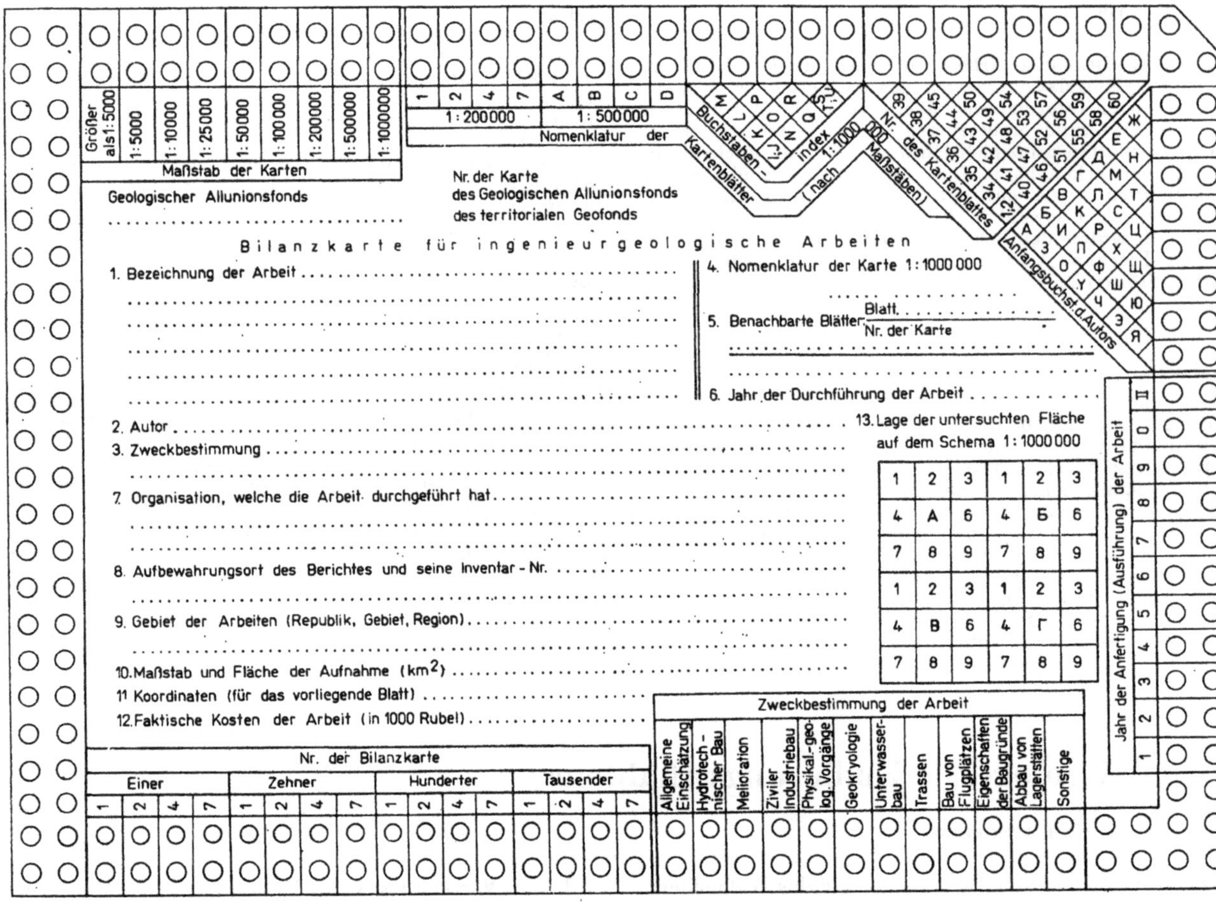

Abb. 1. Kontrollkarte für ingenieurgeologische Arbeiten
(Entwurf Zentraler Geologischer Fonds der UdSSR)

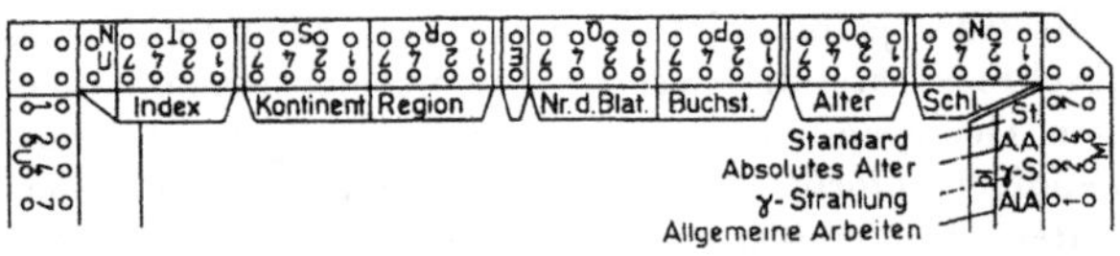

Abb. 2. Standardeinteilung der Lochkartenfelder, modernisierte Kerblochkarten Typ K-5

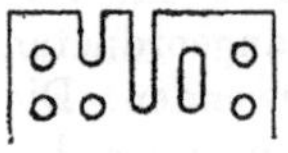

Abb. 3. Typen von Kerben in zweireihigen Kerblochkarten

Der Schlüssel ist dem Wesen nach eine Schablone, die die Art der Kerbung der zu kodierenden Buchstaben oder Ziffern festlegt. Als Beispiel wird die Kodierungsschablone der Ziffern 1 bis 0 im Schlüssel 1—2—4—7 (Abb. 4) und des Alphabets mit vierpaarigen (Abb. 5a) und sechspaarigen (Abb. 5b) Schlüsseln vom Dreieckstyp dargestellt. Eine beliebige Kombination von Kerben kann in Form einer Tabelle zusammengestellt werden. Das sei am Beispiel eines ausgewählten Schlüssels vom Typ 1—2—4—7 illustriert (siehe auch Tab. 1), wie auf Abb. 4 dargestellt wurde.

Es ist unschwer festzustellen, daß eine solche Tabelle (Tab. 1) leicht in eine Schablone vom Rechenschiebertyp umgewandelt werden kann. Ihre obere und untere Zeile bleibt dabei immer gleich, die Konfiguration der Ziffern in den mittleren Zeilen jedoch ändert sich in Abhängigkeit vom Typ des verwendeten Schlüssels, der Form der Kerben und der Anzahl der Lochreihen am Kartenrand sowie der Anzahl von Lochpaaren in den abgetrennten Feldern.

Im allgemeinen Fall, wenn die Lochkarte einreihig ist, bleibt eine Zeile. Bei einer zweireihigen haben wir zwei Zeilen; wenn man schlitzförmige Kerben oder den Dreiecksschlüssel verwendet, ergibt sich eine dritte Zeile usw. Man kann also in dieser Weise eine Schablone in Form eines Rechenschiebers herstellen (Abb. 6), auf deren Körper die zu kodierenden Merkmale aufgetragen sind (Alphabet, Nummern, Ziffern, Index des stratigraphischen Alters usw.) und auf dessen Zunge die im jeweiligen Kodeschlüssel festgelegten Kerben. Die von uns ausgearbeitete geologische Kodierungsschablone zeigt Tab. 2. In ihr sind die einander entsprechenden Ziffern, Buchstaben und Indizes des geologischen Alters zusammengestellt. Auf der Zunge sind drei Schlüssel untergebracht: der Auswahltyp 1—2—4—7, der 4- und

Tab. 1. Kodierung der Ziffern und Buchstaben im Schlüssel

Ziffer	0	1	2	3	4	5	6	7	8	9	10
lange Kerbe	0	1	2	0	4	0	0	7	0	0	0
kurze Kerbe	0	0	0	2,1	0	1,4	2,4	0	1,7	2,7	4,7
Alphabet											

Tab. 2. Kodierungstabelle der Buchstaben und Ziffern in verschiedenen Schlüsseln

Ziffer Nummer	Alphabet		Schlüssel						Index des geol. Alters	
			1, 2, 4, 7		4paarig		5paarig			
			Kerben							
	russ.	lat.	lg.*)	kz.*)	lg.	kz.	lg.	kz.	angewandt	vorgeschlagen
0	–	–	0	0	0	0	0	0	–	–
1	A	A	1	0	1	0	1	0	A	A
2		B	2	0	2	0	2	0	–	–
3		V,W	0	1,2	0	1,2	1	2	V	V
4		G	4	0	4	0	4	0	–	–
5		D	0	1,4	0	1,4	1	4	D	D
6		E	0	2,4	0	2,4	2	4	Tr	E
7		j	7	0	7	0	7	0	J	J
8		Z	0	1,7	0	1,7	7	1	Pt	Z
9		i	0	2,7	0	2,7	7	2	–	–
10		K	0	4,7	0	4,7	4	7	Cm	K
11		L			4,7	0	E	0	Pz	Z
12		M			4	7	E	7	Mz	M
13	H	N			7	4	7	E	Kz	N
14	O	O			1	2	2	1	O	O
15		P			2,4	0	4	2	P	P
16		R			4	1	4	1	Rf, Sn	R
17	C	S			2	1	2	7	S	S
18	T	T			2	4	4	E	T	T
19		U			1	4	E	4		
20		F			2	7	2	E	–	F**)
21		H			7	2	E	2	C	H
22		C			2,7	0	1	7	Cr	C
23		–			7	1				
24		–			1,4	0				
25		X			1,2	0	1	E		
26		–			4	2				
27		Y			1,7	0	E	1	PCm	Y
28		Q			1	7	7	4	Q	Q

*) lg. = lange Kerbe, kz. = kurze Kerbe, 0 = keine Kerbe.
**) *F* = Phanerozoikum.

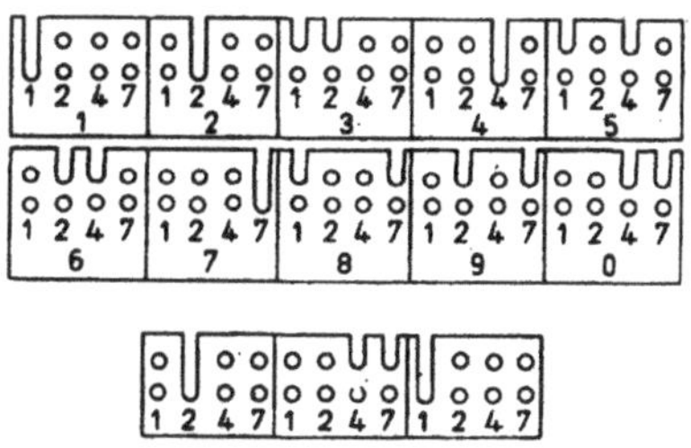

Abb. 4. Kodierungsschablone der Ziffern mit Hilfe des Schlüsseltyps 1—2—4—7 (stumm). Das untere Beispiel zeigt die Kodierung der Zahl 201.

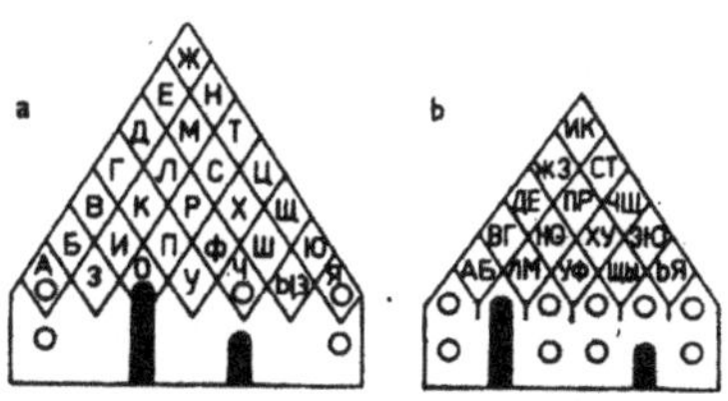

Abb. 5. Vierpaariger sprechender (a) und fünfpaariger stummer (b) Schlüssel vom Dreieckstyp. Es ist jeweils der Buchstabe P kodiert.

5paarige Dreieckstyp (Abb. 6a, b). Der erste und der letzte dieser Typen sind stumm, der 4paarige sprechend.

Die Kodierungssysteme der Ziffern in allen drei Schlüsseln sind in folgender Weise zusammengestellt:

a) Die ersten zehn Ziffern (oder Buchstaben) in allen drei Schlüsseln werden durch eine einheitliche Kerbenkombination kodiert, was die Möglichkeit schafft, von einem Schlüssel auf den anderen überzugehen. Das ergibt eine große Reserve der Kodierung. Nehmen wir an, daß das UDK-System verwendet wird, bei dem alle Merkmale in Gruppen zu je 10 Merkmalen zusammengefaßt sind. Diese Merkmale sind leicht mit dem stummen Schlüssel 1—2—4—7 zu kodieren, wobei man dies sogar nach dem Gedächtnis ausführen kann. Die Regel ist hierbei sehr einfach. Die Ziffern 1, 2, 4, 7, die auf der Karte vorgedruckt sind, werden durch tiefe Kerben in den entsprechenden Lochpaaren und die Ziffern 3, 5, 6, 8 und 9 durch zwei kurze Kerben der Ziffern kodiert, die als Summe die gesuchte Ziffer ergeben ($3 = 2 + 1$, $5 = 4 + 1$, $6 = 4 + 2$, $8 = 7 + 1$, $9 = 7 + 2$). Wenn die Anzahl der Merkmale die vorgegebenen Grenzen übersteigt, können die zusätzlichen Merkmale ebenfalls kodiert werden, und es kann auf einen anderen Schlüssel übergegangen werden. Wenn ein stummer Kode notwendig ist, kann man auf den 5paarigen Schlüssel übergehen und die zusätzlichen Lochpaare abtrennen. Wenn ein sprechender Kode nicht erforderlich ist, kann man die entsprechenden vier Lochpaare benutzen, und es kann auf den Schlüssel vom Dreieckstyp übergegangen werden (Abb. 5a). In beiden Fällen kann die Anzahl der Merkmale bis auf 28 erhöht werden. Das bedeutet faktisch die fast dreifache Vergrößerung des „Gedächtnisses" der Lochkarte.

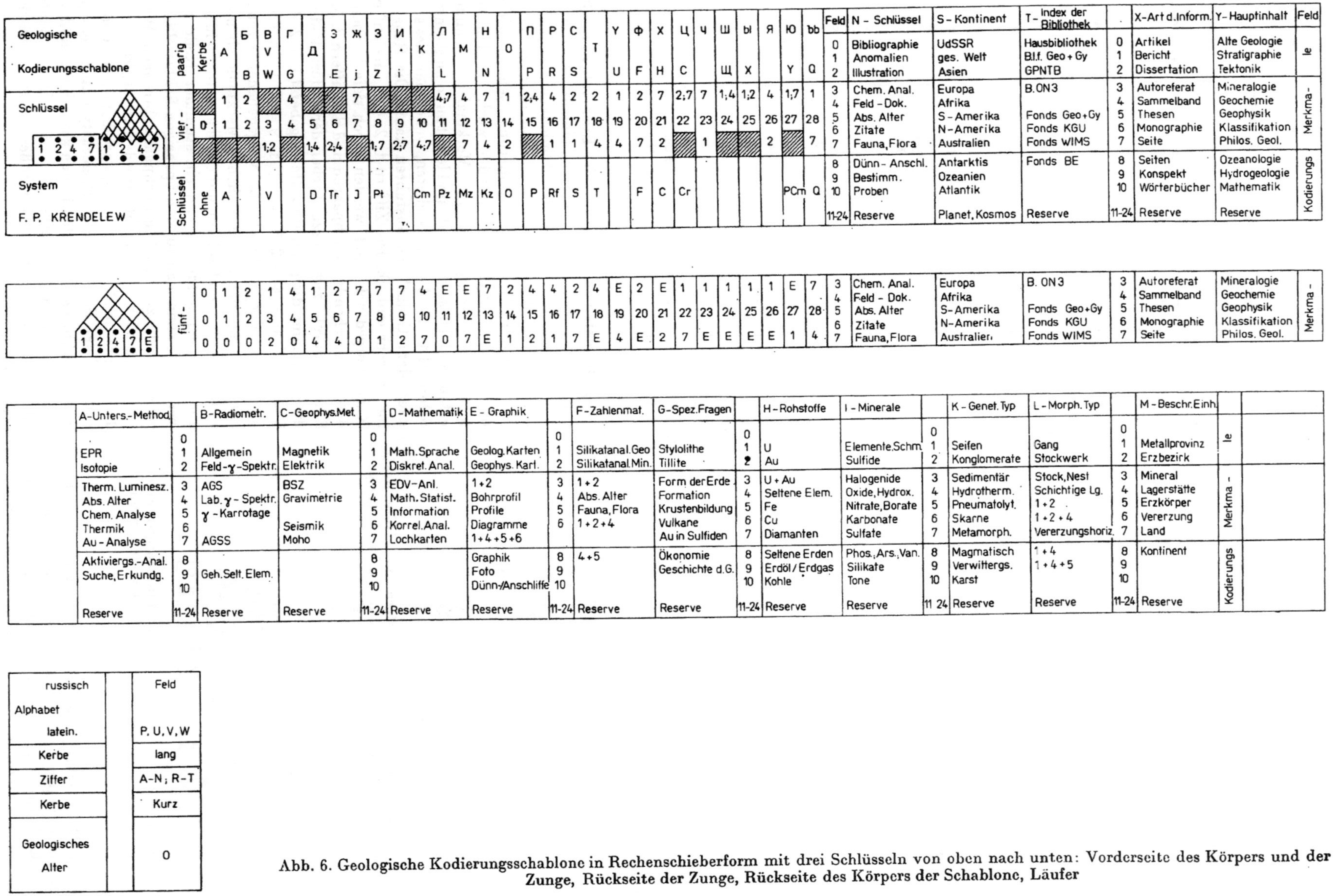

Abb. 6. Geologische Kodierungsschablone in Rechenschieberform mit drei Schlüsseln von oben nach unten: Vorderseite des Körpers und der Zunge, Rückseite der Zunge, Rückseite des Körpers der Schablone, Läufer

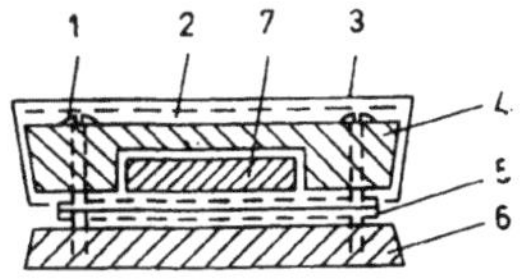

Abb. 7. Konstruktion der Kodierungsschablone in Rechenschieberform aus Plexiglas

b) Die Kombination der Kerben von Buchstaben innerhalb der Felder berücksichtigt die Häufigkeit des Zusammentreffens von Buchstaben am Wortanfang (die drei ersten Buchstaben eines Gesteins- oder Mineralnamens). Die am häufigsten anzutreffenden Buchstaben K, S, G usw. werden durch zwei kurze Kerben im mittleren Teil des Feldes markiert. Das ist besonders bei der Kodierung der Eckfelder wichtig, da die tiefen Kerben der äußeren Lochpaare das Umknicken der Kartenecken begünstigen, außerdem ihr Zusammenhaken bei der Arbeit in der Kartothek. Gleichlautende oder der Schreibweise nach gleiche Buchstaben des russischen und lateinischen Alphabets werden durch gleiche Kerben kodiert (z. B. die Paare A-A, -D, K-K, O-O, T-T, C-S, -B, B-V, W usw.). Der Familienname „BATMAN“ kann zum Beispiel in einer beliebigen Sprache kodiert werden.

c) Das geologische Alter wird durch einen Buchstaben charakterisiert (s. Tab. 2, die beiden äußeren rechten Spalten), was einen wesentlichen Effekt bei nachfolgenden Bearbeitungen der Information auf EDVA ergibt. Am unteren Rand des Linealkörpers ist die in der Geologie gebräuchliche Indizierung angebracht, auf dem oberen Rand dagegen der entsprechende Index, charakterisiert durch einen Buchstaben. Hier gibt es ebenfalls noch Reserven für die Einführung neuer Unterteilungen (so wurde z. B. von uns das Phanerozoikum eingeführt).

d) Der Läufer der Schablone ist der gleiche wie bei einem gewöhnlichen Rechenschieber, nur daß anstelle der Visierlinien ein Schlitz verwendet wird (Abb. 6d). Auf dem Läufer ist zu beachten, daß sich links des Spaltes die Kodierungsart der Felder befindet (Ziffern, Alphabet, Geologie). Rechts vom Schlitz befinden sich die Indizes der Felder, die durch diese Kodierungsarten chiffriert werden.

Auf der Vorderseite des Körpers sind die Informationen nach Gruppen eingeteilt, die den Indizes der vierpaarigen Felder des linken seitlichen und des oberen Randes der Lochkarte entsprechen. Es ist klar, daß für viele Felder (Autor, Jahr, Nummer, Linierung von Millionen Blatt, Blattindex) keinerlei Notwendigkeit besteht, Deskriptorenlisten anzulegen, da alle möglichen Varianten der Kombinierung von Merkmalen in der Struktur des Lineals begründet sind.

Die Herstellung der Schablone stellt technisch keinerlei Schwierigkeit dar. Zu diesem Zweck wurde die Photokopie der Tabelle auf einen Standardrechenschieber (GOST 5161-49) aufgeklebt. Die obere und untere Zeile der Tabelle kommt dabei auf dem Körper der Schablone zu liegen, die beiden mittleren dagegen auf der Zunge (Vorder- und Rückseite). Die Photokopie der Läuferschablone wird von hinten auf das Glas des normalen Rechenschieberläufers aufgeklebt.

Noch einfacher kann man eine solche Rechenschieberschablone aus zwei oder drei Scheiben Plexiglas herstellen. Die Konstruktion des Schiebers ist einfach aus dem Schema der Abb. 7 zu ersehen. Eine solche Konstruktion erlaubt es, Zunge und Läufer sowie beliebige Teile von Feldern oder ganze Felder auszuwechseln. Wenn die Vorderseite für die Kodierung der grundsätzlichen Angaben (Autor, Nummer, geographische Lage, Altersstellung) vorgesehen ist, dann werden auf der Rückseite jene Merkmale aufgetragen, deren Zusammenstellung je nach Bedürfnis ausgewählt werden kann. Das vom Verf. angewandte System von Merkmalen ist auf Abb. 6c dargestellt.

Wenn man in der Handhabung dieser Rechenschieberschablone geübt ist, kann man sich diese in Taschenformat anfertigen. Dazu werden die photokopierten Teile im Maßstab 3:5 verkleinert und auf den Standardrechenschieber von 15 cm Länge (GOST 5161-57, Werk für Rechengeräte, Leningrad) aufgeklebt. Eine solche Schablone ist besonders geeignet für bibliographische Kartotheken, die die Dezimalklassifikation verwenden.

Eingangs wurde erwähnt, daß Verf. eine modernisierte Aufteilung der standardisierten Lochkartenfelder verwendet. Auf dem oberen Kartenrand wurde mittels Rotaprintverfahren die Bezeichnung der Felder angebracht (Index, Kontinent, Region, Alter, Schlüssel). Zusätzlich wurden noch zwei einpaarige Felder (I und E, Abb. 2) abgetrennt. Das linke Eckfeld I gibt an, ob das benutzte Alphabet das russische (kyrillische) oder lateinische ist. Wenn die Kerbe fehlt, so bedeutet das die Verwendung des russischen Alphabets. Eine kurze Kerbe bedeutet lateinisches Alphabet, eine lange Kerbe bedeutet, daß die Arbeit in die russische Sprache übersetzt wurde. Das Feld E wird dazu benutzt, um alle Informationen auf zwei bis drei größere Gruppen aufzuteilen. So kann z. B. bei einer Literaturrecherche das Fehlen der Kerbe die östliche Erdhalbkugel bedeuten (Nr. 31—60), dagegen eine kleine Kerbe die westliche Erdhalbkugel (Nr. 1—30). Man kann so z. B. Altersbegriffe kodieren wie ober-, mittel- oder unter-; oder durchscheinend und opak usw. Die von uns angewandte Kodierung der Felder ist aus der Rückseite der Rechenschieberschablone ersichtlich (Abb. 6c).

Das vorgeschlagene System schließt die Notwendigkeit der Zusammenstellung von Schlüsselkarten aus. Es genügt, wenn die Lochkarte mit festgelegter Numerierung der Felder und der Lochpaare vorhanden ist. Alle übrigen Merkmale können vollständig auf der Rechenschieberschablone untergebracht werden. Das ist besonders günstig bei Felduntersuchungen und bei der Arbeit in zentralen geologischen Fonds: Das gesamte Informationssystem läßt sich leicht in der Kartentasche und sogar in der Hosentasche unterbringen.

Literatur

GUSELNIKOW, I. I., & A. F. TURPITIKO: Die Kerblochkarten. — Die Hochschule, Moskau 1967.
OLEJNIKOW, A. N., & JU. I. MICHAJLOWA: Die Anwendung von Lochkarten in der Geologie. — Verlag Nedra, Moskau 1968.
ROOMETS, S.: Die Lochkarten und ihre Anwendung. — Tallin 1965.

Inst. f. Geologie und Geophysik d. Sibirischen Abteilung d. Akad. Wiss. UdSSR, Nowosibirsk.

Buchbesprechungen

LANDES, K. K.

Petroleum Geology of the United States

New York, London, Sidney, Toronto: Verlag John Wiley & Sons Inc. 1970. 571 S., rund 340 Abb., rund 1500 Lit.-Angaben, Register, sh 235

Als 1858 Oberst DRAKE bei Titusville in Pennsylvania nach Salz bohrte und dabei wie die alten Chinesen zufällig mit seiner Bohrung US 1 Erdöl fand, ahnte er noch nicht, welche Entwicklung diese Entdeckung nehmen würde. Schon zehn Jahre später gab es in den USA Tausende von Bohrtürmen, und heute nehmen die USA bei ständig steigender Produktion in der Weltförderstatistik mit einer Jahresförderung von 510 Mill. t (1969) den ersten Platz in der Welt vor der UdSSR ein. In den 100 Jahren von 1858–1958 wurden in den USA mehr als 1 Mill. Bohrungen auf Erdöl abgeteuft und 8200 Mill. t Öl produziert.

Es lag somit nahe, eine zusammenfassende Darstellung der erdölgeologischen Verhältnisse der USA zu veröffentlichen. Dieser verdienstvollen Aufgabe unterzog sich kein Geringerer als K. K. LANDES, em. Professor für Geologie der Universität Michigan, langjähriger Berater für alle Probleme der Erdölgeologie in den USA, im Ausland und im Rahmen der Vereinten Nationen, Vizepräsident der Geologischen Gesellschaft der USA und der amerikanischen Vereinigung für den Fortschritt der Wissenschaft, Ehrenmitglied und Herausgeber des „Bulletin" der amerikanischen Gesellschaft der Erdölgeologen. Der jetzt vorliegende Band über die Erdölgeologie der USA stellt den ersten Beitrag für die umfangreiche Publikation einer „Erdölgeologie der Erdölfelder der Welt" dar und ist eine wertvolle Ergänzung (nicht Ersatz) seiner 1959 veröffentlichten „Erdölgeologie" und damit der Standardwerke für die Praxis.

Das Buch gliedert sich streng nach regionalen Gesichtspunkten. Unter sechs größeren Einheiten, im Osten der USA beginnend, werden systematisch alle 50 Bundesstaaten, von denen 32 Erdöl und Erdgas produzieren, davon allein Texas rund 35% (1967), im wesentlichen nach gleichen Gesichtspunkten behandelt. Bewußt wird auf die Darlegung fundamentaler Prinzipien und Techniken der Erdölgeologie, weil an anderer Stelle veröffentlicht, verzichtet. Die beigefügten rund 340 Übersichts-, Detail-, Strukturkarten, Luftbilder, stratigraphischen Tabellen, Profilschnitte, Diagramme usw. ergänzen in hervorragender Weise das Anliegen des Buchs als regionale Beschreibung, aber auch als Diskussionsgrundlage der Bildungs- und Speicherbedingungen und der Höffigkeit, d. h., verallgemeinert, als Hilfe beim Aufsuchen neuer Lagerstätten.

Rund 1500 Literaturangaben und ein umfangreiches Register beschließen das Werk. J. LÖFFLER

KATZ, D. L., & K. H. COATS

Untergrundspeicherung von fluidalen Medien

Michigan: Verlag Ulrich's Books Inc. Ann Arbor 1968. 575 S., 148 Lit., 247 Abb., 73 Tab., US-Dollar 9

Die Statistik über die Energieträger in den USA offenbart einen intensiven Einsatz von Erdgas für kommerzielle Verbraucher auch für die Zukunft. Daraus ergibt sich die Notwendigkeit einer intensiven Gasbevorratung für die Abdeckung saison- und witterungsbedingter Verbrauchsspitzen. Die Speicherung von Gasen ebenso wie von flüssigen Brennstoffen und pumpbaren Medien für industrielle und kommerzielle Verbraucher ist eine Notwendigkeit. Ausgedehnte Speichermöglichkeiten unter Einsatz vertretbarer ökonomischer Aufwendungen bieten sich im Untergrund der Erde. Die umfangreiche und komplexe Problematik der Untergrundspeicherung von pumpbaren Medien (Fluiden) ist Gegenstand dieses Werkes, das erstmalig einen Gesamtüberblick über die Möglichkeiten der Untergrundspeicherung von Fluiden, über die Verfahren zur Erkundung, Errichtung und Überwachung von Speichern und über die in den USA gesammelten Erfahrungen gibt. In den USA und Kanada bestanden bereits 1965 mehr als 300 Untergrundgasspeicher.

Die Hinweise auf Gesellschaften der amerikanischen Gas- und Erdölindustrie, von denen jährlich Tagungen abgehalten werden und die über eigene Publikationsorgane auf dem Sektor der Untergrundspeicherung verfügen, zeigen die Intensität auf, mit der sich die nordamerikanische Industrie der Untergrundspeicherung von flüssigen und gasförmigen Energieträgern befaßt.

Die Verf. stellen mit diesem Buch den an Untergrundspeichervorhaben beteiligten Geologen, Technikern und Ökonomen ein grundlegendes Hilfsmittel für ihre Arbeit zur Verfügung. Die Ausgangskapitel sind allgemeinverständlich gehalten. Das Buch trägt wesentlich zum Verständnis der Erkundung, des Aufbaus bzw. der Ausrüstung und des Betriebes von Untergrundspeichern bei. Die Verf. weisen darauf hin, daß sie keine geschlossene Abhandlung zur Thematik bringen, sondern eigene Erfahrungen, Erkenntnisse und Interessengebiete darstellen.

In den einzelnen Kapiteln werden folgende Probleme behandelt:

Im Kap. 1 geben die Verf. eine allgemeine Einführung in die Problematik der Nutzung von geologischen Schichten für die Untergrundgasspeicherung bzw. die Untergrundspeicherung von flüssigen Brennstoffen. In enger Verbindung mit den geologischen Parametern stehen die Betrachtung der Strömung in porösen Stoffen und die Veränderung der Druckverhältnisse in der Speicherschicht. Im Rahmen der Erläuterung von Aquiferspeichern wird auf die etappenweise Untersuchung des Deckgebirges hingewiesen.

Zum Abschluß dieses Kapitels wird die Speicherung in Salzkavernen, Gefrierspeichern und bergmännisch aufgefahrenen oder durch Kernexplosionen hergestellten Hohlräumen einleitend erläutert.

In Kap. 2 werden die geologischen Voraussetzungen zur Anlage von Untergrundspeichern ausführlich behandelt und Quellen für geologische Informationen erläutert. Die verschiedenen geophysikalischen Bohrlochmeßverfahren für Speicherbohrungen sind aufgeführt und eingehend erläutert. Das gleiche gilt für die geophysikalischen Bohrlochmessungen für technische Zwecke.

Kap. 3 befaßt sich mit der Petrophysik und den petrophysikalischen Untersuchungsmethoden. Breiter Raum wird den Permeabilitäts- und Porositätsmessungen gewidmet. Es schließen sich Ausführungen über Gesteinswiderstandsmessungen zur späteren Bestimmung des Widerstandes des porenfüllenden Mediums und weitere Detailfragen an. Die Probleme des Grenzdrucks zur Verdrängung von Wasser durch Gas aus dem Deckgebirge, der Messung und Berechnung des Verdrängungsgrenzdrucks, des Zweiphasenflusses, des Einflusses der relativen Permeabilität und der unregelmäßigen Wasserverdrängung im Aquifer durch Gasaufladung werden ausführlich behandelt.

Im 4. Kap. kommen die Eigenschaften fluidaler Medien (Gas, verflüssigtes Gas, Flüssigkeiten) zur Behandlung, die gespeichert werden sollen. Erläutert sind Dichte, Viskosität und Kompressibilität verschiedener Medien und einzelner Komponenten. Eingeschlossen sind Probleme, die im Zusammenhang mit dem Einsatz leichtflüchtiger Medien auftreten. Die Gefahren der Hydratbildung unter Einfluß von Druck, Temperatur oder bei Kontakt mit Schichtwasser werden dargelegt. Möglichkeiten zur Verhinderung der Hydratbildung durch Absenkung des Taupunkts werden aufgezeigt. Für maximale Expansionswerte von Gas, bis zu denen keine Hydratbildung auftritt, erfolgt der Nachweis. Abschließend wird auf die Löslichkeit von Erdgas in Schichtwasser hingewiesen.

Kap. 5 behandelt die technisch-technologischen Vorgänge des Abteufens von Bohrungen, der Sondeninstallation, der Sondenaktivierung und der Stimulierung bis zur Sondenreparatur. Die wichtigsten Arbeiten zur Errichtung einer Speichersonde sind tabellarisch zusammengefaßt.

Bohrprogramme und Bohrlochkonstruktionen werden anhand verschiedener Beispiele unter Hinweis auf neueste Technologien erläutert. Besondere Beachtung findet die Zementation der Verrohrungen. Der technologische Ablauf wird allgemeinverständlich beschrieben.

Im Rahmen der Sondenstimulierung werden Säuerungs- und Fracarbeiten behandelt. Besonders zu erwähnen sind in diesem Rahmen die Durchführung von Gasfracarbeiten und die Kontrolle der erzielten Fracwirkung mittels Bohrlochphotographie.

Im Kap. 6 wird die Strömung in den Sonden und im sondennahen Gebirge in zwei Bereichen behandelt: 1. Strömung von Gas und Wasser in Sonden und Leitungen; 2. Strömung in der Lagerstätte.

Während die Strömung in Rohrleitungen vom Druckgefälle und von Reibungsverlusten abhängig ist, werden bei der Strömung in der Schicht stationäre und instationäre Bedingungen berücksichtigt. Bei Strömungen in der Sonde wird die Problematik der Bestimmung statischer und dynamischer Druckgradienten in Gassonden behandelt.

Zu den Strömungsvorgängen in der Lagerstätte werden grundlegende Definitionen und Ausgangsgleichungen für stationäre, instationäre und quasistationäre Strömung von Gas angegeben. Weiterhin werden der Skin-Effekt nach VAN EVERDINGEN und der Einfluß von Turbulenz analysiert. Dann gehen die Verf. auf verschiedene Testverfahren ein. Auf die Möglichkeit zur Bestimmung von Störungen aus Druckausgleichskurven wird hingewiesen.

Zum Abschluß dieses Kapitels werden einige praxisverbundene Strömungsprobleme behandelt, die besondere Bedeutung für den Gasspeicherbetrieb besitzen. Die technischen Möglichkeiten zur Separation auf der Sohle werden aufgezeigt.

Die in Kap. 7 niedergelegten Erkenntnisse über die Hydrodynamik eines Aquifers beziehen sich auf den Speicher „Herscher Galesville" im „Woodleine-Sand" in Osttexas und die Studie „Movement of Underground Water in Contact with Natural Gas" aus dem Jahre 1963. Es werden detaillierte Ausführungen über die Wasserbewegung und die Druckverteilung im Aquifer in Zusammenhang mit der Gasaufladung gemacht. Ausgehend von der Mobilität des beeinflußten Mediums wird die Druckentwicklung im Gasbereich anhand verschiedener Modelle für die Bewegung des Schichtwassers analysiert. Zu den Hauptproblemen der Aquiferdynamik zählen die Verf. die Ausmaße der Wasserbewegung für die Errichtung eines Aquifergasspeichers bestimmter Kapazität, den Wasserrücklauf bei Gasentnahme und die Druckausbreitung im Randwasserbereich.

Im 8. Kap. wird die Gasspeicherung in teilerschöpften Erdgaslagerstätten behandelt. Neben den technischen Problemen wird der Analyse des Förderverhaltens der ausgewählten Lagerstätte besondere Bedeutung beigemessen.

Ausgehend von der Komplexität der Aquifererschließung wird in Kap. 9 die Erkundung eines Aquifers anhand des „Ancona-Garfield"-Gasspeichers und der Ergebnisse anderer Strukturen erläutert. Anhand von Beispielen werden die einzelnen Probleme erschöpfend behandelt und durch geologisches Kartenmaterial, geophysikalische Bohrlochmeßkurven, gesteinsphysikalische Untersuchungen und Wasserspiegelreaktionskurven belegt. Besonderes Interesse wird hierbei der exakten Bestimmung des Speichervolumens und des damit eng verbundenen Speicherbetriebsdrucks gewidmet.

Das 10. Kap. ist wegen seines hohen Informationsgehalts eines der aufschlußreichsten. Eine Gruppe von fünf verschiedenen Gasspeicherfeldern wird anhand der Erfahrungen der Autoren analysiert; typische Unterschiede der einzelnen Objekte werden herausgearbeitet. Die besondere Bedeutung dieses Kapitels liegt in der komplexen Betrachtung der geologischen, technischen und technologischen Erfahrungen, die auf unterschiedlichen Gasspeichern gesammelt wurden.

Kap. 11 enthält wichtige Betrachtungen der Verf. Von der Bedeutung des frühzeitigen Erkennens von Leckstellen ausgehend, werden verschiedene Arten von Undichtheiten analysiert, die entsprechenden Erkennungsmerkmale zusammengestellt und Möglichkeiten aufgezeigt, die entstehenden Verluste und Gefahren zu bekämpfen bzw. unter Kontrolle zu bringen. Ausführlich behandelt werden sogenannte Testverfahren für „Dichte Aquifer", Pegelbeobachtungen in Indikatorhorizonten, der Einsatz des Neutronen-Gamma-Logs und radioaktiver Tracerverfahren. Aus den Gasnachweisverfahren geht hervor, daß radioaktiv markiertes Gas zur Dichtheitskontrolle und zur Überwachung der Gasausbreitung im Speicher erfolgreich genutzt werden kann.

Kap. 12 ist der Anwendung der maschinellen Rechentechnik zur Vorausbestimmung des Speicherbetriebs gewidmet. Im einzelnen werden Rechenprogramme zur Bestimmung des Verhaltens eines Speicherfeldes für fünf Beispiele erläutert. Weiterhin werden der Einsatz von Rechenprogrammen an Beispielen sowie die Simulation von nichtstabilisierten Einphasengasströmungen dargelegt.

Kap. 13 behandelt die Speicherung in Salzkavernen. Dabei werden die geologischen Voraussetzungen, die technologischen Fragen des Solprozesses und die Test- und Meßarbeiten während des Solprozesses und nach der Fertigstellung der Kaverne beschrieben.

Grundspeicher (gefrorene Erdgruben) werden in der konventionellen Speicherindustrie seit längerer Zeit zur Speicherung von Flüssiggasen und verflüssigtem Erdgas verwendet. In Kap. 14 werden ihre Voraussetzungen, die Herstellung, der Speicherbetrieb und die Kosten ausführlich behandelt. Es schließen sich Betrachtungen über die Möglichkeit der Speicherung in bergmännisch hergestellten Hohlräumen und stillgelegten Grubenbauen an. Die Möglichkeit der Nutzung nuklearer Kavernen für Speicherzwecke wird erwogen.

Das 15. Kap. ist der Anwendung, dem Transport und der Speicherung von verflüssigtem Erdgas gewidmet. Besonders ausführlich sind die ökonomischen Fragen des Transports und der Speicherung analysiert.

Das Werk ist vorzüglich ausgestattet. Die Ausführungen werden durch zahlreiche Abbildungen, Diagramme und Tabellen untermauert. Jedem Kapitel ist ein ausführliches Literaturverzeichnis nachgestellt. Ein umfangreicher Anhang (S. 441—562) enthält zahlreiche Lösungsbeispiele reservoirmechanischer Probleme. Den Verf. ist ein Werk gelungen, das für Fachleute eine wertvolle Bereicherung darstellt und zu dem auch interessierte Laien gern greifen werden.

H. POHLMANN & M. SCHÖN

Autorenkollektiv

Deep Sea Drilling Project: Leg 12

„Geotimes", **15**, Nr. 9, S. 10—14, Nov. 1970

Auf seiner 12. Bohrreise von Boston nach Lissabon (19. Juni bis 11. August 1970) wurden von dem Bohrschiff „Glomar Challenger" aus an den neun Bohrpunkten 111—119 13 Bohrungen niedergebracht. Dabei wurden in vier verschiedenen Bereichen, in der Labradorsee, auf dem Reykjanesrücken, im Rockallgebiet und in der Biskaya, in Wassertiefen zwischen 1048 und 4901 m 99—927 m, zusammen 5907 m tiefe Bohrungen abgeteuft. Davon wurden insgesamt 1449 m gekernt und dabei 836,5 m in 184 Bohrkernen ausgebracht, entsprechend einem Kernausbringen von 57,7%.

Die Bohrungen 111—113 waren in der Labradorsee angesetzt, wobei der mit der Bohrung 111 untersuchte Orphan Knoll, etwa 560 km nordöstlich von Neufundland, als Teil des Kontinentalrandes erkannt wurde, der zwischen Dogger und Eozän im Ozean versunken war. Die in der Mitte der Labradorsee in 3667 m Wassertiefe angesetzte Bohrung 112 sollte das Alter der das Basement überlagernden Sedimente feststellen. Es wurden zunächst 115 m terrigener Tone und Schluffe mit glazialen Geröllen über miozänen bis untereozänen, möglicherweise auch paläozänen Mergeln angetroffen, die in etwa 350 m Tiefe stärker verfestigt waren und als schwacher Reflektor wirkten. Diese Sedimente sind keine Turbidite, jedoch handelt es sich wahrscheinlich um Ablagerungen von Bodenströmen mit hohen Sedimentationsraten von etwa 1,3 cm/1000 Jahre. Die Basaltbasis wurde in etwa 660 m Teufe, überlagert von etwa 10 m gebranntem rotem Ton, angetroffen. Da eine genaue Einstufung infolge fehlender Fossilien nicht möglich war, konnte nur die Sedimentationsrate zur ungefähren Einstufung verwendet werden und ergab etwa 56 (Paläozän) bis knapp 70 Mill. Jahre (Maastricht). Mit der in 3629 m Wassertiefe angesetzten Bohrung 113 wurden bis 390 m Tiefe terrigene schluffige Tone des Plio-Pleistozäns über einer Wechsellagerung von gradierten Sanden und Tonen sowie eozänen Tongallen bis 550 m Teufe durchsunken. Wahrscheinlich hat man damit mehrere Schlammströme des Pliozäns durchteuft. Die Bohrung wurde in 927 m Tiefe in fossilfreien gebänderten Schluffsteinen eingestellt, ohne das Basement erreicht oder wahrscheinlich gemacht zu haben.

Die Bohrungen 114 und 115, im Gebiet des Reykjanesrückens angesetzt, sollten die Sedimentmächtigkeiten im Bereich magnetischer Anomalien überprüfen. Am Bohrpunkt 114 wurden über dem Basalt des Basements in 623 m Teufe schluffige Tone mit manchmal sandigen Horizonten angetroffen, die im Pleistozän bis Obermiozän mit hohen Sedimentationsraten abgelagert worden waren. Bohrung 115 traf von etwa 58—230 m Teufe mehr als 1 m mächtige harte vulkanogene Sandsteinbänke, die als Turbidity Currents ihr Material von Island bezogen haben dürften.

An den Bohrpunkten 116 bis 117 sollte das Rockallplateau zwischen Island und Irland untersucht werden, in dessen mächtigen Sedimenten fünf seismische Horizonte aufgefallen waren. Das stufenweise Absinken des Rockallbeckens im Känozoikum äußert sich in der Natur seiner Sedimente, die im unteren Teil vorwiegend detritisch ausgebildet sind, nach oben jedoch einen zunehmenden Anteil pelagischen Materials enthalten. Das wichtigste tektonische Ereignis ging im mittleren Miozän vor sich, als Versenkungen von etwa 1700—1900 m zur Veränderung der Außenschelffazies in eine bathyale Fazies führten.

Im tiefen Teil der Biskayabucht werden basale Basalte unter wechselnden Sedimenthüllen erwartet. Die in Wassertiefen von 4901 bzw. 4447 m angesetzten Bohrungen 118 und 119 sollten die Natur und das Alter der Sedimente klären. In der Bohrung 118 wurden zwei sedimentäre Folgen angetroffen, bis 685 m Teufe Turbidite und pelagische Sedimente vom Pleistozän bis Mittelmiozän. Darunter folgten bis etwa 750 m Teufe mit einer Diskordanz eozäne und paläozäne Tone, in die Basalt lagergangartig eingedrungen ist. In der Bohrung 119 wurden bis 400 m Teufe vorwiegend pelagische Sedimente festgestellt, während darunter bis 711 m Teufe Turbidite des oberen Paläozäns lagerten. Mit dem Schleppnetz ausgebrachte Proben, die Sedimenten des Maastrichts ähnelten, konnten nicht erbohrt werden. Offensichtlich liegen komplizierte geologische Verhältnisse vor.

H. Reh

Koch, G. S., jr., & R. F. Link

Statistical analysis of geological data

New York, London, Sydney, Toronto: Verlag John Wiley & Sons Inc. 1970. 375 S., 83 Abb., 130 Tab. im Text u. 8 Tab. im Anhang, sh 125

Mit diesem Buch legen die Verf. den ersten Band eines insgesamt zweibändigen Werkes vor. Sie wenden sich mit ihm in erster Linie an den praktisch arbeitenden Geologen, aber auch an den Studenten. Demzufolge werden beim Leser wohl Kenntnisse der Geologie, nicht aber der mathematischen Statistik vorausgesetzt. In allen Teilen des Buchs stützen sich die Autoren auf Beispiele aus der geologischen Praxis. Das gewählte Prinzip, dem Fachmann zuerst das ihm geläufige Problem vorzutragen und daran anschließend die mathematischen Grundlagen zu erläutern, dürfte entscheidend dazu beitragen, eventuell bei einigen Lesern vorhandene Befangenheit unauffällig zu überwinden und das Interesse zu wecken.

Der vorliegende erste Band weist in der Einleitung auf die Rolle der mathematischen Statistik in der geologischen Forschung und Erkundung hin. In Anbetracht dessen, daß die Integration mathematischer Methoden in das Rüstzeug des Geologen eine Erweiterung seiner Denkweise bedingt, geht dem mathematischen Teil eine wohldurchdachte Betrachtung der geologischen Daten bezüglich ihrer Gewinnung, Herkunft, Beschaffenheit und Analyse voraus. In gleicher Weise wird der Leser zur Problematik des Formulierens geologischer Modellvorstellungen und zur Verknüpfung solcher mit den mathematischen Modellen geführt. Das Kap. 2 leitet von der Darstellung der Beobachtungswerte in Form von Summen- und Häufigkeitskurven zu theoretischen Häufigkeitsverteilungen über. Abschließend wird ein kurzer Einblick in die Wahrscheinlichkeitsrechnung gegeben.

Kap. 3 setzt sich mit Fragen der Probenahme, z. B. des Gültigkeitsbereichs einer Stichprobe, auseinander und behandelt u. a. arithmetisches Mittel, Varianz, Streuung, Stichprobenverteilung, Verteilung der Mittelwerte und Chi²-Verteilung. Im folgenden Kapitel werden die vermittelten Grundlagen dahingehend erweitert, daß aus einer Stichprobe Schlußfolgerungen auf Mittelwert und Streuung der Grundgesamtheit gezogen werden können. Dazu werden Hilfsmittel wie Konfidenzintervall, Studentsche t-Verteilung, Hypothesentest und Bayessches Theorem erläutert. Das Kap. 5 steht unter der Gesamtüberschrift Varianzanalyse und enthält Ausführungen über den Vergleich von mehr als zwei Mitteln, die F-Verteilung, Einwegvarianzanalyse einschließlich Beispiel, Varianzanalyse hierarchisch zusammengehörender Datengruppen (mit Beispiel), t-Test paarweiser Beobachtungswerte, Statistik mit einem Freiheitsgrad und ihre Anwendung, lineare Modelle, multiple Vergleiche sowie Beziehungen zwischen den hauptsächlichen statistischen Verteilungen. Weitere Verteilungen und Transformationen sind Gegenstand des anschließenden Kapitels. Es werden Binomialverteilung, Poisson-Verteilung, negative Binomialverteilung und lognormale Verteilung erklärt. Auch auf gemischte Häufigkeitsverteilungen wird eingegangen. Neben verschiedenen Transformationen, mit denen u. a. eine Anpassung der Beobachtungen an eine Normalverteilung erreicht werden soll, wird der Gebrauch graphischer Hilfsmittel (z. B. Wahrscheinlichkeitspapier) dargestellt.

Die Kap. 7 und 8 beschäftigen sich recht ausführlich mit den grundlegenden Fragen der geologischen bei Probenahme und der Variabilität geologischer Daten. Es werden allgemeine Prinzipien und spezifische Arbeitsweisen der geologischen Probenahme im Hinblick auf eine spätere statistische Bearbeitung erläutert. Zum Schluß werden Probleme, die aus der großen Variabilität und der ungleichmäßigen Verteilung geologischer Daten resultieren, diskutiert und Möglichkeiten zu ihrer Bewältigung gezeigt. Ein kleiner Tabellenanhang, der zur Behandlung und zum Verständnis einiger Verteilungen notwendig ist, die Liste der verwendeten mathematischen Symbole und das Indexregister vervollständigen den ersten Band. Hinweise auf ausschließlich englischsprachige Literatur befinden sich jeweils am Ende eines Kapitels.

Zusammenfassend darf festgestellt werden, daß das Anliegen der Verf., kein Buch über Statistik schlechthin schreiben zu wollen, sondern ausgewählte Abschnitte der Statistik dem Geowissenschaftler nahezubringen und verständlich zu machen, als gelungen bezeichnet werden kann. Es bleibt zu hoffen, daß auch andere mathematische Hilfsmittel künftig solche geschickte Darstellung erfahren.

Abschließend sei mitgeteilt, daß der zweite Band die Behandlung multivariabler statistischer Methoden, die statistische Bearbeitung von Daten der angewandten Geologie und den Einsatz von elektronischen Rechenautomaten zur Lösung dieser Aufgaben enthalten soll.

H.-G. Borrmann & H. Knape

Hudeley, H., & Y. Belmonte

Carte géologique de la République Gabonaise au 1:1000000 — Notice explicative

Paris: Bureau de Recherches géologiques et minières, Mémoires Nr. 72, 1970. 191 S., davon 169 S. Text, 3 Abb., Tab., 1 geol. Karte, Lit. (444 Titel), fr 130,00

Bei der Erarbeitung der geologischen Karte konnten sich die Verf. weitgehend auf bereits vorliegendes Material stützen, besonders auf die „Geologische Karte von Französisch-Äquatorial-Afrika“ (Gérard 1958). Außer einer Zusammenfassung aller neueren Fakten soll die Synthese über die Geologie von Gabon die wirtschaftliche Bedeutung seiner Lagerstätten mit beurteilen. Wissenschaftliche Institute und Bergbauunternehmen haben in reichem Maße ihre teilweise noch unveröffentlichten Arbeitsunterlagen für die Auswertung zur Verfügung gestellt.

Das Sedimentbecken von Ogowe wird durch einen Horst in zwei Teile getrennt. Im oberen Becken streichen die ältesten kontinentalen Serien aus, das Küstenbecken ist mit marinen Sedimenten vom höheren Alb bis mittlerem Tertiär gefüllt. Im Oberen Apt ist eine salinare Serie entwickelt, was zur Trennung der Sedimente in eine präsalinare Serie [Oberer Jura (?) bis Unteres Apt] und eine postsalinare Serie (Oberes Apt bis Postmiozän) führte. Ihre einzelnen Horizonte werden faunistisch charakterisiert.

Gravimetrie und Aeromagnetik erschlossen den strukturellen Bau des Gebiets. Die beiden Sedimentbecken vertiefen sich vom kristallinen Sockel weg recht schnell. Die Achse des Horstes von Lambarene fällt flach nach S ein, und der kristalline Untergrund verliert nach W zu an Sockeltiefe. Die Form des ursprünglich monoklinen Beckens ist durch das Aufsteigen des Horstes von Lambarene leicht asymmetrisch geworden. Das obere östliche Becken bildet eine in ihrer Achse verworfene Synklinale mit asymmetrischen Flanken. Das Atlantische Becken ist monoklin gebaut. Die Salzlager sind unter der mächtigen Sedimentbedeckung als Salzdome aufgestiegen. Salzwanderungen beginnen im Cenoman. Im Senon erfolgte eine unbedeutende Intrusion eines Olivinbasanits.

Das Präkambrium streicht auf $^2/_3$ der Fläche von Gabon aus. Seine einzelnen Systeme, jeweils untergliedert in Abteilungen, die sich wiederum aus mehreren Serien zusammensetzen, sind durch Tektonik, Metamorphose und Intrusionen gekennzeichnet. Das Untere Präkambrium umfaßt Sedimente und Eruptive, die in verschiedenem Grade, vorherrschend jedoch katazonal, metamorphosiert sind. Neben einer granitischen Intrusion ging eine Migmatisierung vor sich. Das Mittlere Präkambrium enthält Gesteine vorwiegend detritischer Fazies, die gar nicht oder nur schwach metamorphosiert und häufig von doleritischen Intrusionen durchsetzt sind. Die sandig- und kalkig-schiefrigen Gesteine des Oberen Präkambriums sind nicht metamorphosiert. Sie sind stark von Doleriten durchschwärmt.

Der Wert der mineralischen Produktion hatte 1964 erstmals den des Holzexports übertroffen und ist seitdem ständig im Steigen. Im Abbau bzw. in der Gewinnung stehen Erdöl, Erdgas, Manganerz, Urankonzentrat und Gold. Die Ausbeutung eines Eisenerzlagers wird vorbereitet.

Von 1956—1968 wurden 17 Erdöl- und 2 Erdgaslagerstätten entdeckt, von denen 14 Erdöl- und 2 Erdgaslagerstätten im Deltagebiet des Ogowe-Flusses liegen. Die Erdöllagerstätte Anguille liegt südwestlich von Port Gentil ungefähr 15 km von der Küste entfernt im Meer. Erdöllagerstätten finden sich in den Gesteinen vom Apt bis Miozän unter Konzentration auf Senon, Paläozän und Eozän.

Die wichtigsten Manganerze liegen im Oberen Präkambrium, im System Francevillien. Die Mn-Lagerstätte 40 km westlich Franceville enthält in einem 5 km mächtigen Lager ca. 450 Mill. t Erze mit 45% Mn. 55 km im NW von Franceville liegt die Uranlagerstätte Mounana, deren Vorrat auf 1 Mill. t Erz mit 5000 t Uran geschätzt wird. Die Produktion begann 1961, sie erreicht jetzt 1500 t/a Konzentrat mit 14% Uran. Die Goldgewinnung verteilt sich auf drei Seifenlagerstätten in Flußalluvionen. Die Eisenerzlagerstätten der Region Makokou Mékambo gehören mit ca. 1 Mrd. t Erz mit 60% Fe zu den größten der Welt. Ihre Nutzung soll in Kürze aufgenommen werden.

Die Erläuterungen geben eine detaillierte Kenntnis der Geologie von Gabon, die mehrmals durch Vergleiche mit benachbarten Gebieten, vor allem mit der geologischen Entwicklung in Kongo, erweitert wird. Der lagerstättenkundliche Teil bietet Angaben über die Bergbaugeschichte und die Nutzungsperspektiven der einzelnen mineralischen Rohstoffe.

Die Karte stellt das Konzentrat der gesamten Arbeit dar. Sie enthält die Hauptkarte mit sehr ausführlicher Legende und drei Nebenkarten. Die Karte ist eine nach modernen Auffassungen gezeichnete geologische Übersichtskarte. Sie zeigt viele Einzelheiten der petrographischen Fazies, die Hauptleitlinien der tektonischen Bauelemente sowie Lagerungsformen und großräumigen Bau. Mit Angaben über die mineralischen Rohstoffe ist sie zugleich eine schematisierte Lagerstättenkarte. Die Zusammenfassung aller geologischen Fakten ergibt ein anschauliches, geschlossenes Bild über die Geologie dieses Teils des westlichen äquatorialen Zentralafrikas. Das BRGM hat wiederum mit dem Bericht und der besonders gut gelungenen geologischen Übersichtskarte die Reihe seiner Mémoires mit Nr. 72 um einen ansprechenden Band erweitert. K. Dette

Informationen

Welterdölreserven

Der Zeitschrift „Wirtschaft" vom 27. 1. 71 ist nachstehende Tabelle entnommen. Sie gibt wichtige erdölproduzierende Länder der Welt wieder und läßt den Trend der Entwicklung der Erdölreserven erkennen:

Sichere Gesamtreserven	Ende 1968	in %	Ende 1969	in %
Amerika	9750000	15,6	10540000	14,3
davon USA	4380000	7,0	5220000	7,1
davon Venezuela	2220000	3,6	2100000	2,8
davon Kanada	1330000	2,1	1180000	1,6
davon Mexiko	770000	1,2	850000	1,1
Naher Osten	37100000	59,1	45380000	61,6
davon Saudi-Arabien	10500000	16,7	19000000	25,8
davon Kuweit	9550000	15,2	9360000	12,7
davon Iran	7370000	11,7	7460000	10,1
davon Irak	3780000	6,0	3690900	5,0
Afrika	6030000	9,6	7300000	9,9
davon Libyen	4010000	6,4	4610000	6,3
davon Algerien	920000	1,5	1040000	1,4
davon VAR	320000	0,5	730000	1,0
davon Nigeria	560000	0,9	680000	0,9
Asien und Australien	1870000	3,0	1790000	2,5
davon Indonesien	1200000	1,9	1230000	1,7
davon Australien	340000	0,6	340000	0,5
Westeuropa.	230000	0,4	210000	0,3
davon BRD	87000	0,15	81000	0,1
RGW-Länder und VR China	7700000	12,3	8400000	11,4
davon UdSSR	6500000	10,5	7000000	9,5

Die Erdgaslage der Ungarischen VR

Die Ungarische VR verfügt über Erdgasvorräte in der Größenordnung von 100 Mrd m³. Damit dürfte die Erdgasversorgung des Landes — der Bedarf lag 1970 bei 3,5 Mrd. m³ — für die nächsten drei Jahrzehnte gesichert sein. Allerdings ist in den langfristigen Plänen keine Steigerung der Erdgasgewinnung über 1975 mit 5—5,5 Mrd. m³ hinaus vorgesehen. Der dann anfallende gesteigerte Bedarf, der 1980 bei rund 8,0 Mrd. m³ liegen dürfte, soll durch die Einfuhr von Erdgas aus der Sowjetunion gedeckt werden.

Entwicklung der Erdgasproduktion in der VR Polen

Der Plan der Erdgasförderung der VR Polen für 1975 sieht eine Menge von etwa 12 Mrd. m³ vor. Darunter befinden sich ca. 5 Mrd. m³ Erdgas mit einem Heizwert von 8500 kcal/Nm³. Größere Kapazitäten von Erdgas sollen mit Stickstoffgas verschnitten werden, das unlängst in den Räumen von Ostrów und Wrocław entdeckt wurde.

Die Entwicklung der Erdgaslagerstätten und der Vorräte erlauben die Annahme, daß 1980 etwa 19 Mrd. m³ und 1985 etwa 28 Mrd. m³ Erdgas gefördert werden können.

Weltsteinkohlenförderung

Die Steinkohlenförderung 1969 belief sich nach einer neuen Zusammenstellung des US Bureau of Mines auf 2077,3 Mill. t, rd. 20 Mill. t weniger als 1968. Davon entfielen rd. 80% auf nur sechs Länder, nämlich die USA mit 503,9 Mill. t, die Sowjetunion mit 450 Mill. t, die Volksrepublik China mit 325 Mill. t, Großbritannien mit 135 Mill. t, VR Polen mit 135 Mill. t und Westdeutschland mit 111,6 Mill. t.

Erdöl-Erdgas-Suche in Ekuador

In Ekuador konzentrierte sich die verstärkte Suche nach Erdöl und Erdgas im Jahre 1970 naturgemäß auf das aussichtsreichste Gebiet im Oriente. Einen aufsehenerregenden Erfolg erzielte hier die Bohrung Tiputini 1, bei der 1000 B/d zuflossen. In ihrer Nähe wurde die Bohrung Yuturi 1 mit einem Zufluß von 570 B/d fündig. Eine Nachfolgebohrung

Tiputini 2, anscheinend auf derselben Struktur angesetzt, befindet sich im Abteufen.

Auch Bohrungen im Golf von Guayaquil wurden fündig. Die bisher zur Verfügung stehenden Mengen belaufen sich auf 285000 m³/d Erdgas.

Neuerdings wird auch in der Provinz Pastaza nach Kohlenwasserstoffen gesucht.

Kohle in der UdSSR

Nach den neuesten Ergebnissen geologischer Erkundungen in Westsibirien werden die Kohlenvorräte im Becken von Kusnezk auf 900 Mrd. t geschätzt. Zur Zeit stehen hier 76 Schächte und 16 Tagebaue in Produktion. Ihr Produktionsanteil an der sowjetischen Gesamtförderung macht derzeit 25% aus. Die Flöze, die Mächtigkeiten bis 20 m aufweisen, liegen in Teufen zwischen 200 und 300 m. Die aschenarme Kohle läßt sich verhältnismäßig leicht aufbereiten. Im nächsten Fünfjahrplan soll die Förderung auf 140 Mill. t gesteigert werden.

Neues von der Kursker Magnetanomalie

Neueste Untersuchungen und geophysikalische Messungen im Bereich der Kursker Magnetanomalie haben ergeben, daß deren Gesamtausdehnung mit insgesamt 200000 km² wesentlich größer ist, als bisher angenommen wurde. Die Gesamtvorräte der dort lagernden zur Verhüttung geeigneten Eisenerze sollen sich auf mehr als 50 Mrd. t belaufen. Nach der Ansicht sowjetischer Experten können allein aus drei Teillagerstätten dieses Bezirks jährlich 100 Mill. t. Erz gefördert werden.

Nickelgewinnung in der SFR Jugoslawien

Das Bergwerks- und Chemiekombinat Kosovo in Obilič bei Priština plant die Errichtung von Nickelgewinnungsanlagen im Gebiet von Kosovo—Metohija. Das neue Unternehmen soll auf eine Kapazität von 7500—10000 t/a angelegt werden. Die Rohstoffbasis bilden die Nickellagerstätten, die 30 km entfernt von Priština im Golešmassiv liegen. Die Schätzung der dort anstehenden Gesamtreserven lautet auf 20 Mill. t hochwertigen Erzes. Mit dem Abbau der Lagerstätte und der Verarbeitung des Erzes soll 1972/1973 begonnen werden.

Lithium- und Kaliumkonzentrationen in Chile

Der chilenische Salzsee Salar de Atacama liegt in 2200 m Höhe über dem Meeresspiegel und bedeckt eine Fläche von 3000 km². Unter der durchschnittlich 1 m dicken Salzwasserüberdeckung entdeckten neuerdings chilenische Geologen eine Salzbrühe, die bis 30 m Tiefe hinabreicht. In ihr wurden Lithiumkonzentrationen mit Gehalten von 0,2% in einer Menge von 1,2 Mill. t und Kaliumkonzentrationen von 2% in einer Menge von 12 Mill. t festgestellt. Des weiteren sind vorhanden: Rubidium, Cäsium und Magnesium.

Fluoridgewinnung in der ČSSR

Nach einer Information des Erkundungsbetriebs Geoindustria — Prag verteilen sich die Fluoridlagerstätten in der ČSSR wie folgt: Im Erzgebirge liegen die Lagerstätten Moldava, Hradiště, Kovářská, Jílové und Dečina. Im Jeschkengebirge wurde die Lagerstätte von Křižany entdeckt. Seit einiger Zeit bereits ist die Lagerstätte Harrachov im Riesengebirge bekannt, und im Eisengebirge konnten die Lagerstätten von Běstvina und Javorka neu entdeckt werden.

Gegenwärtig werden vier von den genannten Lagerstätten, nämlich Moldava, Hradiště, Jílové und Harrachov, abgebaut. Die Produktion beläuft sich auf 55000 t/a. Die Erze werden in der Zentralaufbereitung von Sobedruhy bei Teplice aufbereitet.

Perspektiven für den Süßwasserhaushalt der Welt

Nach Berechnungen, die die UNO angestellt hat, wird die Welt im Jahre 2000 6 Mrd. Bewohner zählen. Bei einem Wasserbedarf von 500 m³ pro Jahr und Bewohner ergibt dies einen Süßwasserbedarf von 3000 km³ pro Jahr. Die Gesamtmenge des zur Zeit in der ganzen Welt fließenden Gewässers beträgt 30000 km³. Das ist das 10fache des im Jahre 2000 anstehenden Bedarfs. Nach Berechnungen wird die Menschheit im Jahre 2100 auf 30 Mrd. angestiegen sein, die dann einen spezifischen Wasserverbrauch von 30000 km³/a beansprucht, d. h., der gesamte Wasserumlauf der Erde müßte zur Verfügung stehen. Unter diesem Aspekt verdient das Problem der Entsalzung von Meerwasser ein außerordentliches Interesse.

Ozeanologische Forschungen der UdSSR

Im Rahmen der großen Anstrengungen, die die UdSSR derzeit bei der Erforschung des Meeresbodens und der dort lagernden Bodenschätze unternimmt, haben Ingenieure ein geophysikalisches Gerät entwickelt, mit dessen Hilfe es möglich ist, Blei, Gold, Mangan, Eisen, Zinn und andere Elemente bei einer Wasserüberdeckung zwischen 35 und 50 m festzustellen. Von Bord eines Schiffes arbeiten die Geräte mit Sonden, die einen Impulsgeber mit radioaktiven Isotopen zum Meeresgrund hinablassen. Nach dem Grad der Absorption von Gammastrahlen können diese Geräte das Vorhandensein der genannten Elemente auf dem Meeresboden registrieren.

Im Fernen Osten ist eine komplexe Expedition tätig, die sich auf Grund solcher Vermessungen bereits mit den Fragen der Gewinnung an seichten Meeresstellen befaßt. Beispielsweise wurden vor der Küste von Sachalin Lager von Zinnstein, Gold und Steinkohle gefunden.

Maritime Bohrtätigkeit

Der heutige Bergbau im Küstengebiet wird sich in den nächsten zehn Jahren in Wassertiefen von 1200—1800 m vorschieben. Derzeit sind Probebohrungen im Ozean bei einer Wasserüberdeckung von 5480 m mit einer Eindringtiefe von ca. 1000 m in den Meeresboden bekannt. Technisch durchführbar dürften nach Ansichten von Experten bereits Meeresbohrungen bei einer Wasserüberdeckung von 9000 m sein, wobei bis 1500 m in den Meeresboden eingedrungen werden kann. Die wirtschaftliche Tragbarkeit solcher Bohrungen wird auf 3600 m tiefes Wasser begrenzt.

Versenkung von Abwässern in den Untergrund

Als bestes Beispiel der Abwasserversenkung kann die der salzhaltigen Abwässer der Kaliwerke im Werragebiet Westdeutschlands und der DDR gelten. Im Werra-Kalirevier sind von 1928 bis 1967 etwa 500 Mill. m³ in den Untergrund versenkt worden. Die derzeitige Versenkmenge beträgt ca. 1 m³/s mit einem durchschnittlichen Chloridgehalt von 150 bis 170 g/l. In beiden Revieren sind 13 Schluckbrunnen mit Tiefen von 200 bis 700 m in Betrieb. Die Injektionsdrücke liegen unter 20 atü. Die Größenordnung dieser Wassermengen ist nur mit der Einpressung von Ölfeldwässern in tiefliegende Schichten vergleichbar. In East Texas, dem größten Ölfeld der USA, sind von 1933 bis 1958 ca. 400 Mill. m³ Salzwasser versenkt worden. 83 Injektionsbohrungen bewältigen insgesamt 0,83 m³/s. Neben den Flutungsprojekten in Ölfeldern werden in den USA in zunehmendem Maße Industrie- und radioaktive Abwässer in den Untergrund geleitet. Bei den hohen Investitionen bleibt ein nichtkalkulierbares Risiko. Als Aufwendungen werden in den USA angegeben: Kosten der gesamten Versenkanlage 30000 Dollar bei 550 m Teufe und 1400000 Dollar bei 3660 m Teufe. In der DDR wurden die Kosten mit 0,2 M/m³ ermittelt. Die Technik bei Anlage der Schluckbrunnen ist ähnlich der bei der Erdölbohrtechnik angewandten. Voraussetzung ist in jedem Fall eine genaue Kenntnis des geologischen Aufbaus des Untergrunds der Permeabilitäten und Porositätswerte des kleinsten Bereichs bis zu den tektonischen Großstrukturen.

Bei Niederbringung der Schluckbrunnen werden die in der Erdölbohrtechnik bewährten Verfahren, wie Frac-Behandlungen, Vibrationsschießen, Torpedierungen, abwechselndes Pumpen und Wiedereinpressen, Druckluftstoßbehandlungen und Anwendung fester Kohlensäure (Trockeneis), mit Erfolg eingesetzt. Im Werra-Kalirevier haben sich Drucksäuerungen zur Verbesserung der Aufnahmefähigkeit des dolomitischen Zechsteins gut bewährt.

In den nächsten Heften

der

Zeitschrift für angewandte Geologie

erscheinen u. a. folgende Beiträge

R. Meier u. a.: Die Rubidiumverteilung in Hartsalz-Carnallitit-Übergängen des Kaliflözes Staßfurt in der Deutschen Demokratischen Republik

W. W. Aristow & S. W. Tichomirow: Die Bedeutung einer modernen Variante des Periodensystems D. I. Mendelejews für die Prognose und Prospektion von Bodenschätzen

W. P. Gawrilow: Tiefenbrüche und Kohlenwasserstofflager

F. Häfner: Anwendung der instationären Strömungstheorie auf Probleme der frühzeitigen Vorratseinschätzung in Erdgaslagerstätten

L. E. Lewin & V. E. Chain: Die tektonischen Voraussetzungen und Besonderheiten der Erdöl-Erdgas-Akkumulation im System des Weltozeans

H. Glander: Zur Verteilung, Typisierung und graphischen Dokumentation hydrochemischer Verhältnisse im genutzten Grundwasser mit vorwiegend geringem Mineralisationsgrad

R. Kaczynski & L. Wysokinski: Der Einfluß von Diskontinuitäten verschiedener Neigung auf die Festigkeitseigenschaften einiger bindiger Lockergesteine

I. N. Kapustin: Die Rolle des tektonischen Faktors bei der Bildung der Salzkuppelstrukturen. Dargestellt am Beispiel der Norddeutschen Senke

C. Geissler: Zur Isotopenanalyse des organischen Kohlenstoffs geologischer Proben

W. I. Smirnow: Der Zeitfaktor bei der Bildung stratiformer Erzlagerstätten

A. I. Bogomolow: Erdölzusammensetzung als Kriterium der Erdöl-Erdgas-Höffigkeitsprognose neuer Gebiete

A. W. Sidorenko: Schaffung und Entwicklung der mineralischen Rohstoffbasis der Sowjetunion

Ch. Wagner & M. Voigt: Eine Methode zur Bestimmung der Porosität und Kompressibilität poröser Gesteine unter Gebirgsdruck

K. F. Rodionowa & S. P. Maksimow: Kriterien der Diagnose von Erdöl-Erdgas-Muttergesteinen

Herausgeber: Zentrales Geologisches Institut im Auftrag des Staatssekretariats für Geologie beim Ministerrat der Deutschen Demokratischen Republik. Für die kollektive Chefredaktion: Dr. K. Kauter (Redaktionssekretär), Berlin. Redaktion: 1054 Berlin, Zionskirchstraße 34 (Fernsprecher 426001). Verlag: Akademie-Verlag GmbH, 108 Berlin, Leipziger Straße 3—4 (Fernsprecher 220441, Telex 0112020, Postscheckkonto: Berlin 35021). Bestellnummer des Heftes 1047/17/9. Alleinige Anzeigenannahme DEWAG-WERBUNG, 102 Berlin, Rosenthaler Str. 28—31, und alle DEWAG-Betriebe in den Bezirksstädten der DDR. Exportpreis: 6,— M, Sonderpreis für die DDR: 2,— M je Heft. — Satz und Druck: VEB Druckhaus „Maxim Gorki", 74 Altenburg. Veröffentlicht unter der Lizenznummer 1279 des Presseamtes beim Vorsitzenden des Ministerrates der Deutschen Demokratischen Republik, Kartengenehmigung Nr. P 319/71.

84114

Bei Fragen zur Produktsicherheit wenden Sie sich bitte an:
If you have any questions regarding product safety,
please contact:

Walter de Gruyter GmbH
Genthiner Straße 13
10785 Berlin
productsafety@degruyterbrill.com